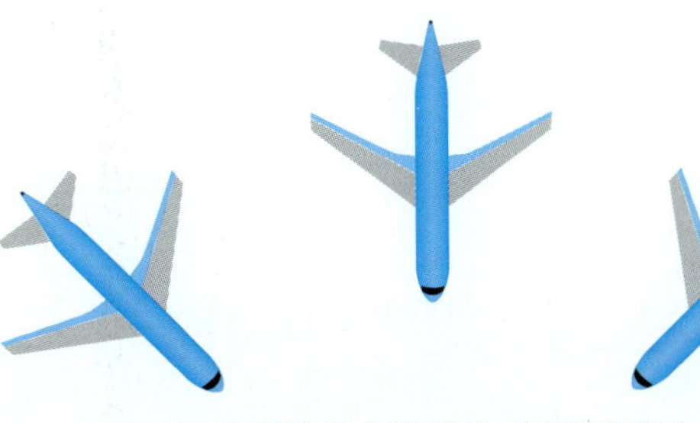

나만의 여행을 찾다보면 빛나는 순간을 발견한다.

잠깐 시간을 좀 멈춰봐.
잠깐 일상을 떠나 인생의 추억을 남겨보자.
후회없는 여행이 되도록
순간이 영원하도록
Dreams come true.

Right here.
세상 저 끝까지 가보게

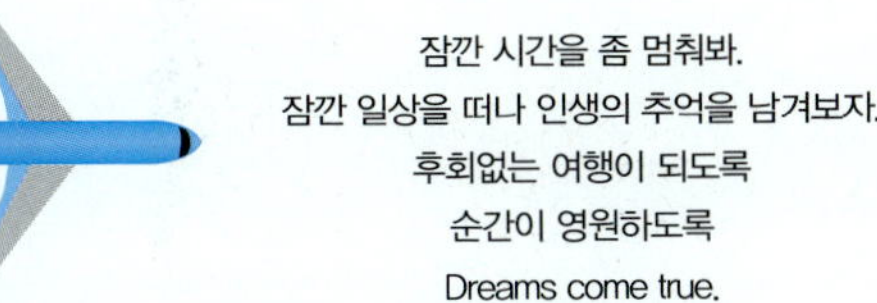

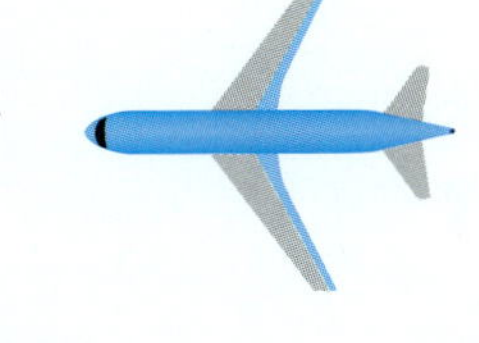

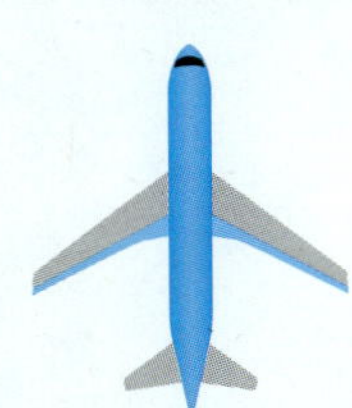

뉴 노멀^{New normal} 이란?

흑사병이 창궐하면서 교회의 힘이 약화되면서 중세는 끝이 나고, 르네상스를 주도했던 두 도시, 시에나(왼쪽)와 피렌체(오른쪽)의 경쟁은 피렌체의 승리로 끝이 났다. 뉴 노멀 시대가 도래하면 새로운 시대에 누가 빨리 적응하느냐에 따라 운명을 가르게 된다.

전 세계는 코로나19 전과 후로 나뉜다고 해도 누구나 인정할 만큼 사람들의 생각은 많이 변했다. 이제 코로나 바이러스가 전 세계로 퍼진 상황과 코로나 바이러스를 극복하는 인간의 과정을 새로운 일상으로 받아들여야 하는 뉴 노멀New normal 시대가 왔다.

'뉴 노멀New normal'이란 시대 변화에 따라 과거의 표준이 더 통하지 않고 새로운 가치 표준이 세상의 변화를 주도하는 상태를 뜻하는 단어이다. 2008년 글로벌 금융위기를 겪으면서 세계 최대 채권 운용회사 핌코PIMCO의 최고 경영자 모하마드 엘 에리언Mohamed A. El-Erian이 그의 저서 '새로운 부의 탄생When Markets Collide'에서 저성장, 규제 강화, 소비 위축, 미국 시장의 영향력 감소 등을 위기 이후의 '뉴 노멀New normal' 현상으로 지목하면서 사람들에게 알려졌다.

코로나19는 소비와 생산을 비롯한 모든 경제방식과 사람들의 인식을 재구성하고 있다. 사람 간 접촉을 최소화하는 비대면을 뜻하는 단어인 언택트Untact 문화가 확산하면서 기업, 교육, 의료 업계는 비대면 온라인 서비스를 도입하면서 IT 산업이 급부상하고 있다. 바이러스가 사람간의 접촉을 통해 이루어지므로 사람간의 이동이 제한되면서 항공과 여행은 급제동이 걸리면서 해외로의 이동은 거의 제한되지만 국내 여행을 하면서 스트레스를 풀기도 한다.

소비의 개인화 추세에 따른 제품과 서비스 개발, 협업의 툴, 화상 회의, 넷플릭스 같은 홈 콘텐츠가 우리에게 다가오고 있으며, 문화산업에서도 온라인 콘텐츠 서비스가 성장하고 있다. 기업뿐만 아니라 삶을 살아가는 우리도 언택트Untact에 맞춘 서비스를 활성화하고 뉴 노멀New normal 시대에 대비할 필요가 있다.

뉴 노멀(New Normal) 여행

뉴 노멀New Normal 시대를 맞이하여 코로나 19이후 여행이 없어지는 일은 없지만 새로운 여행 트랜드가 나타나 우리의 여행을 바꿀 것이다. 그렇다면 어떤 여행의 형태가 우리에게 다가올 것인가? 생각해 보자.

장기간의 여행이 가능해진다.

바이러스가 퍼지는 것을 막기 위해 재택근무를 할 수 밖에 없는 상황에 기업들은 재택근무를 대규모로 실시했다. 그리고 필요한 분야에서 가능하다는 사실을 알게 되었다. 재택근무가 가능해진다면 근무방식이 유연해질 수 있다. 미국의 실리콘밸리에서는 필요한 분야에서 오랜 시간 떨어져서 일하면서 근무 장소를 태평양 건너 동남아시아의 발리나 치앙마이에서 일하는 사람들도 있다.
이들은 '한 달 살기'라는 장기간의 여행을 하면서 자신이 원하는 대로 일하고 여행도 한다. 또한 동남아시아는 저렴한 물가와 임대가 가능하여 의식주를 저렴하게 해결할 수 있다. 실리콘밸리의 높은 주거 렌트 비용으로 고통을 받지 않는 새로운 방법이 되기도 했다.

■ 자동차 여행으로 떨어져 이동한다.

유럽 여행을 한다면 대한민국에서 유럽까지 비행기를 통해 이동하게 된다. 유럽 내에서는 기차와 버스를 이용해 여행 도시로 이동하는 경우가 대부분이었지만 공항에서 차량을 렌트하여 도시와 도시를 이동하면서 여행하는 것이 더 안전하게 된다.

자동차여행은 쉽게 어디로든 이동할 수 있고 렌터카 비용도 기차보다 저렴하다. 기간이 길면 길수록, 3인 이상일수록 렌터카 비용은 저렴해져 기차나 버스보다 교통비용이 저렴해진다. 가족여행이나 친구간의 여행은 자동차로 여행하는 것이 더 저렴하고 안전하다.

🟥 소도시 여행

여행이 귀한 시절에는 유럽 여행을 떠나면 언제 다시 유럽으로 올지 모르기 때문에 한 번에 유럽 전체를 한 달 이상의 기간으로 떠나 여행루트도 촘촘하게 만들고 비용도 저렴하도록 숙소도 호스텔에서 지내는 것이 일반적이었다. 하지만 여행을 떠나는 빈도가 늘어나면서 유럽을 한 번만 여행하고 모든 것을 다 보고 오겠다는 생각은 달라졌다.

최근에 유럽뿐만 아니라 동남아시아에서도 다양한 음식과 문화를 느껴보기 위해 소도시 여행이 활성화되고 있었는데 뉴 노멀New Normal 시대가 시작한다면 사람들은 대도시보다는 소도시 여행을 선호할 것이다. 특히 이탈리아는 소도시의 매력이 넘치는 곳으로 친퀘테레, 아말피 해안, 시에나, 아시시, 이탈리아 알프스 등은 소도시로 떠나는 여행자가 증가하고 있었다. 그 현상은 앞으로 증가세가 높을 가능성이 있다.

호캉스를 즐긴다.

유럽의 이탈리아나 동남아시아로 여행을 떠나는 방식도 좋은 호텔이나 리조트로 떠나고 맛있는 음식을 먹고 나이트 라이프를 즐기는 방식으로 달라지고 있었다. 이런 여행을 '호캉스'라고 부르면서 젊은 여행자들이 짧은 기간 동안 여행지에서 즐기는 방식으로 시작했지만 이제는 세대에 구분 없이 호캉스를 즐기고 있다.

코로나 바이러스로 인해 많은 관광지를 다 보고 돌아오는 여행이 아닌 가고 싶은 관광지와 맛좋은 음식도 중요하다. 이와 더불어 숙소에서 잠만 자고 나오는 것이 아닌 많은 것을 즐길 수 있는 호텔이나 리조트에 머무는 시간이 길어졌다. 심지어는 리조트에서만 3~4일을 머물다가 돌아오기도 한다.

코로나 바이러스가 전 세계를 휩쓸면서 우리 삶의 많은 것들이 변했다. 여행도 마찬가지로 변화하고 있다. 나라마다 공항을 걸어 잠그면서 여행을 할 수 없었지만 백신이 보급되면서 점차 여행이 시작되고 있다. 코로나 바이러스가 있지만 인간은 새로운 지역으로 이동하여 여행을 하면서 사는 것이 일반화되었다. 여행이 자유롭게 가능해지면 더욱 여행을 많이 하는 '보복 여행'도 나타나게 된다.

코로나 바이러스가 유행하기 전, 각국의 관광도시들은 관광객으로 몸살을 앓는 '다크 투어

리즘'이 나타나기도 했다. 관광객이 몰려들면서 관광도시들은 매일매일 관광객과 씨름을 하는 일이 많아지며 대비를 해야 한다고 했다. 임대료가 비싸지고 범죄도 늘어나면서 각국은 여행자를 제한하는 것에 관심이 많아졌다. 그런데 코로나 바이러스가 전 세계로 번져 나가면서 여행이 금지되었다.

이제는 여행의 패턴이 달라졌다. 사람들이 한 곳에 몰려서 여행하는 방식도 아니고 여행지도 너무 많은 사람들이 도시로 여행하는 것을 달가워하지 않는다. 이탈리아의 베네치아는 도시로 들어와 여행하는 사람들을 제한하려고 한다. 앞으로 관광도시들뿐만 아니라 여행자도 밀집지역으로 여행하는 것을 꺼리고 있다. 한마디로 '저 밀집 여행'을 하려고 다양한 방법을 강구하고 있다.

Contents

이탈리아 자동차 여행 | *98*

—

이탈리아 중부

오르비에토 | *278*

볼거리
두오모 / 지하도시 / 산 파트라지오 우물

아시시 | *290*

한눈에 아시시 파악하기
볼거리
성 프란체스코 성당 / 코무네 광장 / 산타 키아라 대성당
로카 마조레 / 산타 마리아 델리 안젤리 성당

토스카나 | *300*

누텔라 이야기
이탈리아 르네상스
토스카나의 작은 도시들을 자동차 여행하는 방법

Intro

이탈리아는 도시 국가에서 출발하여 오늘날까지도 지방마다 각각 작은 나라와 같은 특색을 간직하고 있다. 남북이 긴 장화모양의 국토는 이탈리아가 로마 제국 후에 각 지방별로 발전한 이유이기도 하다. 각각 다른 자연 환경에 도시별로 발전한 이탈리아는 지역별로 도시들이 특징이 있다. 다른 환경의 도시들이 모여 있는 이탈리아는 마치 한 나라가 아닌 다른 나라들이 모인 대륙 같은 느낌이 있다.

이탈리아 반도가 대륙 같은 느낌이지만 자동차로 여행을 한다면 최적의 여행지로 꼽힐 수 있다. 도시별로 이동거리가 짧지만 다른 느낌이 드는 도시를 만나게 되기 때문에 자동차 운전으로 인한 피로가 적다. 게다가 로마 제국부터 발전한 도시들은 제각각 음식과 문화가 다르고 도시의 모습들도 차이가 있으니 도시 여행이 지겹지 않다.

이렇게 많은 도시들을 만나려면 이동에 제한이 없는 자동차 여행이 이탈리아 여행에서 장점이 생기게 된다. 남북이 다른 환경이니 날씨에 대한 대비도 있어야 하지만 자동차에 각자의 짐을 싣고 이동하는 자동차여행은 짐에 대한 부담이 적어진다.

각 도시들은 깊은 역사와 방대한 예술작품까지 볼거리는 너무 풍부하다. 지중해의 아름다운 반도 국가인 이탈리아를 여행한다면 미켈란젤로와 레오나르도 다빈치의 작품과 가톨릭의 중심인 바티칸부터 아름다운 건축물과 레오나르도 다빈치의 회화 등, 세계적으로 유명한 작품과 유적들은 여행자의 마음을 끌어당기게 된다. 로마 제국 시대의 유물, 세계 최대 규모의 웅장한 성당, 이름만 들어도 알 수 있는 르네상스 시대의 예술 작품들이 당신을 기다린다.

자동차여행이라도 가톨릭과 고전주의자들의 중심인 로마에서 여행을 시작하게 된다. 검투사가 생각나는 콜로세움, 고대 로마의 행정 중심지 로마 광장인 포로 로마노, 그리고 판테온을 비롯한 로마의 전설적인 건축물은 길을 걷다가 만날 수 있다.

중부의 토스카나 지방에는 이탈리아 르네상스의 탄생지인 피렌체가 있다. 피렌체의 여러 미술관에는 이탈리아 예술의 정수를 찾아볼 수 있다. 아카데미 갤러리인 갈레리아 델라카데미아에서 미켈란젤로의 '다비드' 상을, 우피치 미술관에서 보티첼리의 '비너스의 탄생'을 감상하자. 또한 키안티 지역을 비롯한 와인 지대를 돌아보며 토스카나 여행에서 행복을 느낄 수 있다.

이탈리아 북쪽 도시인 베네치아에서 곤돌라를 타고 베네치아를 바다에서 느껴보자. 밀라노에서는 유럽에서 가장 화려한 성당인 두오모 성당이 위엄을 뽐내고 있다. 비교적 소박한 외관의 인근 산타 마리아 델레 그라치에 성당에는 다빈치의 '최후의 만찬'이 전시되어 있다.

ABOUT
이탈리아

Italy

발레다 오스타
아오스타
토리노
피에몬테
리구리아
제노바
롬바르디아
밀라노
트렌티노 알토
아디제
트렌토
베네토
베네치아
트리에스테
애밀리아 로마냐
볼로냐
피렌체
토스카나
페루자
움브리아
안코나
마르케
라퀼라
아브루치
로마
라치오
몰리세
캄포바소
캄파니아
나폴리
풀리아
바리
포텐치
바실리카타
칼라브리아
카탄차로
사르데냐
칼리아리
팔레르모
시칠리아

한눈에 보는 이탈리아

이탈리아 '3색기'라고 부르는 이탈리아 국기는 왼쪽부터 초록 · 하양 · 빨강의 3 색기로 프랑스의 국기를 모방하여 만들어졌다. 의미도 똑같이 '자유 · 평등 · 박애'이다. 3색이 아름다운 국토(초록), 알프스의 눈과 정의 · 평화의 정신(하양), 애국의 뜨거운 피(빨강)를 나타낸다고 이야기하기도 한다.

1796년, 프랑스의 나폴레옹 1세가 이탈리아에 공화국을 설립한 후 3색기를 국기로 제정하였다. 통일운동에도 사용되면서 국민들에게 알려지기 시작하였고 통일 후인 1860년에 국기로 정식으로 제정되었다.

- ▶ **국명** | 로마
- ▶ **언어** | 이탈리아어
- ▶ **면적** | 3,013만 4천ha
- ▶ **인구** | 약 6,046만 명
- ▶ **GDP** | 3만 4,318.35달러
- ▶ **종교** | 가톨릭 85.7%, 정교회 2.2%, 이슬람 2%, 개신교 1.2%
- ▶ **시차** | 8시간 느리다. (서머 타임 기간 동안은 7시간 느리다.)

경제

고대 이탈리아는 유럽의 중심지였으나 근대 사회가 형성되면서 서유럽에 뒤처지게 되었다. 제 2차 세계대전을 거치면서 황폐화되었으나 50~60년대에 높은 경제성장률을 이루게 되어 경제 강국이 되었지만 최근에 재정위기를 거치면서 경제는 활력을 잃고 있다. 북부 지역은 남부에 비해 공업화가 이루어지면서 밀라노, 토리노, 제노바 등이 경제의 중심축을 이루고 있다.

정치

의원내각제 국회는 정부에 대한 신임과 대통령의 임명권을 가지고 있는 독특한 정치형태를 가지고 있다. 국회는 상, 하 양원제를 택하고 5년의 임기를 가지고 있다. 많은 군소 정당이 난립해 있어 정치가 불안하여 경제의 발목을 잡고 있다는 평가를 받고 있다.

이탈리아 사계절

대한민국과 같은 반도 국가인 이탈리아는 알프스 산맥의 북서쪽에서 남동쪽으로 뻗은 반도 지역과 시칠리아, 사르데냐 섬으로 구성되어 있다. 삼면이 지중해로 둘러싼 바다로 이루어져 있고 국토의 75%는 산지로 곡물 재배는 힘든 지역이다. 국토가 남북으로 길어서 지역에 따라 기후가 다르지만 온화하고 따뜻한 지중해성 기후로 따뜻하고 사계절의 변화가 뚜렷하여 살기에 적합한 기후이다.

봄과 가을은 짧은 편이다. 또한 날씨가 여름에서 겨울로 겨울에서 봄으로 변화하는 시기에는 날씨의 변화가 심해진다. 또한 알프스 산맥이 있는 북쪽은 해발 고도의 차이가 커서 날씨도 변화무쌍하다. 5월과 9월이 이탈리아를 여행하기에 가장 좋은 건조하고 비가 적당히 오는 날씨를 지속한다. 10월이 지나면서 급속하게 날씨의 변화가 심해지므로 몸을 따뜻하게 유지할 수 있도록 해야 감기에 걸리지 않는다.

여름에는 비가 거의 내리지 않고 무더운 날씨가 이어지고 겨울에는 온화하고 비가 많이 내린다. 어느 지역이나 무덥지만 남부는 더 뜨겁고 건조하다. 여름 성수기 여행에는 자외선이 강하고 무덥기 때문에 선글라스를 준비하는 것이 좋다.

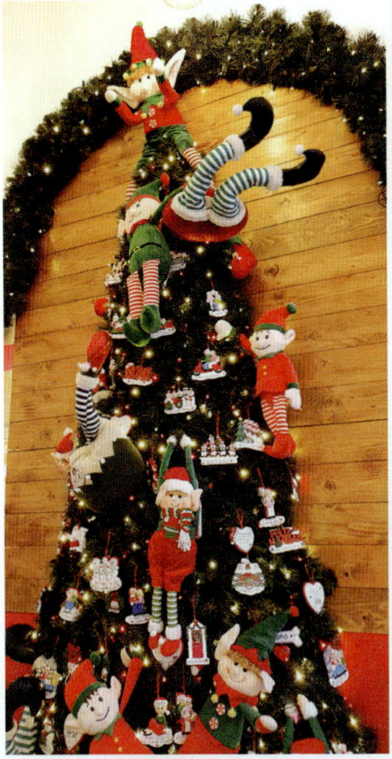

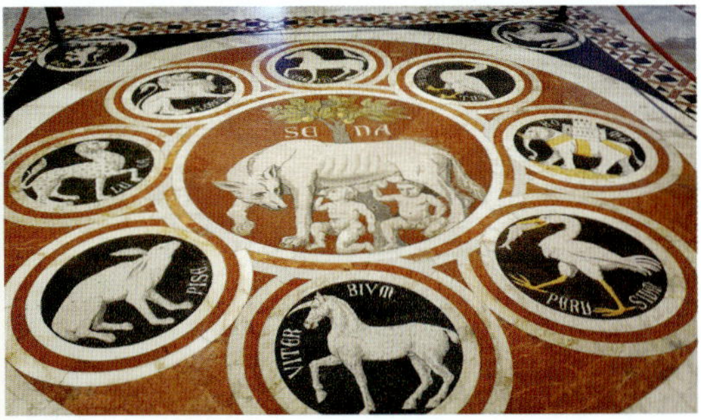

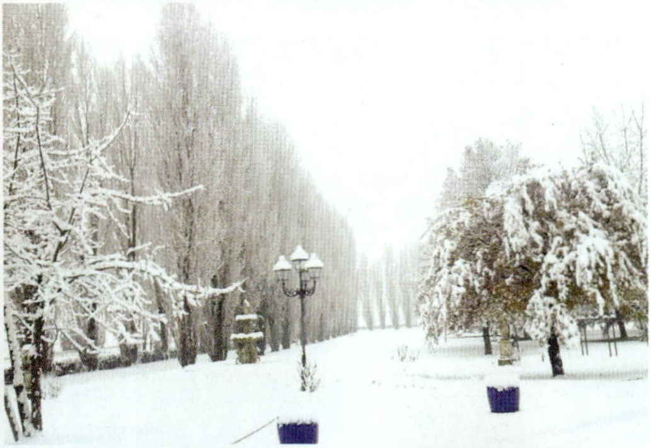

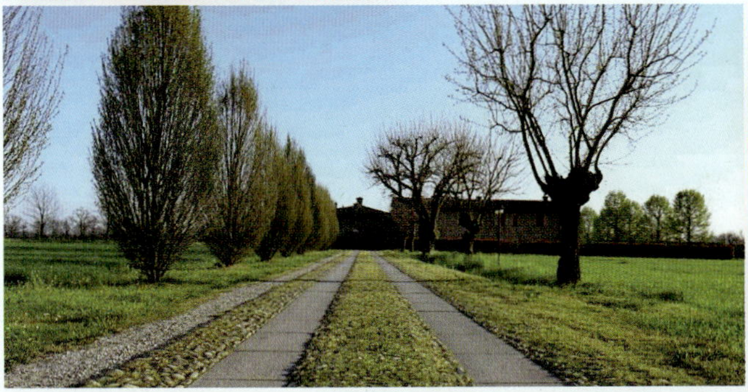

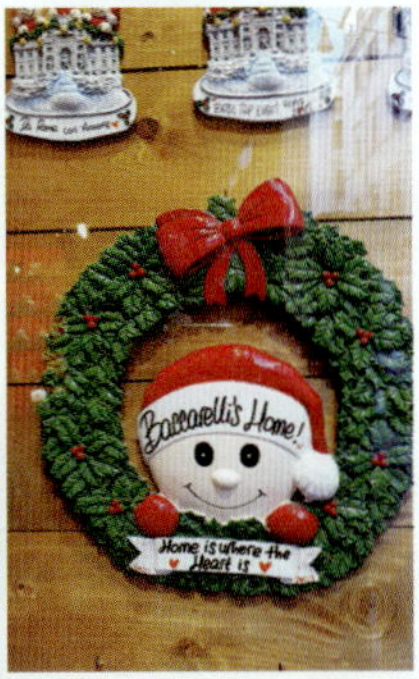

겨울
Winter

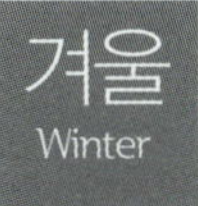

북쪽지방은 알프스와 인접한 지역이라 춥기 때문에 스키를 타러 오는 여행자가 많고 중부지방부터는 지중해성 기후의 특징으로 비가 많이 오는 날이 3월까지 이어진다.

로마 제국의 후예, 이탈리아

로마 제국의 본거지였던 이탈리아에는 아직도 로마 제국 시대의 문화유산이 많이 남아 있다. 실용적이고 개방적이었던 로마 인들은 특히 커다란 건축물과 이탈리아 구석구석을 연결하는 도로를 많이 남겼다. 위대했던 로마 제국의 후예답게 오늘나르이 이탈리아도 유럽의 문화와 경제를 이끄는 부강한 나라 가운데 하나이다.

로마 제국의 영광과 상처의 선진국

기원전 8세기에 로물루스가 세운 도시 국가 로마는 아우구스투스 황제 때 전성기를 맞아 지중해 세계를 지배하는 대제국이 되었다. 그러나 395년에 동, 서로 갈라졌고 서로마는 멸망의 길을 걷게 되었다.

그 뒤, 이탈리아는 오랫동안 도시 국가들로 분열되어 있었지만 베네치아와 밀라노, 피렌체 같은 도시 국가들이 무역으로 크게 발전하여 15세기에 이르러 르네상스를 꽃피웠다. 이탈리아는 1870년에 가서야 통일을 이루지만 무솔리니의 파시즘 정권과 두 차례의 세계 대전을 겪으면서 큰 혼란에 빠지기도 했다. 그러나 지금은 북부 공업 도시를 중심으로 경제 부흥에 성공하여 선진국 대열에 합류하였다.

■ 이름만 들어도 아는 도시들

이탈리아에는 수도 로마를 비롯해 이름만 들어도 알 수 있는 유명한 도시들이 많다. 르네 상스가 태어난 예술의 도시 피렌체, 학문과 과학, 기술의 중심지이자 해마다 어린이 책 전 시회가 열리는 볼로냐, 패션쇼에는 물론 각종 박람회가 끊이지 않는 패션의 도시 밀라노, 수많은 섬이 물에 떠 있는 듯이 보이는 물의 도시 베네치아, 세계에서 가장 아름다운 항구 도시 나폴리, 1,700여년 만에 발굴된 고대 도시 폼페이까지 이름만 대도 숨이 찰 정도이다.

르네상스 미술

고대 그리스 로마 문화를 되살리는 운동이었던 르네상스가 시작된 나라가 바로 이탈리아 이다. 그래서 이탈리아는 16세기까지 유럽 회화의 중심이었다. 르네상스 시대의 세 거장 레오나르도 다 빈치와 미켈란젤로, 라파엘로가 모두 이탈리아 인이다.

화가로서 뿐만 아니라 의학과 과학에도 재능이 뛰어났던 레오나르도 다 빈치는 모나리자, 최후의 만찬 등을 남겼고 미켈란젤로는 다윗 상과 피에타가 유명하다. 세 사람 중 가장 나이가 어렸던 라파엘로는 성모자상과 아테네 학당 같은 작품을 그렸다.

지붕 없는 역사박물관, 로마

이탈리아의 수도인 로마는 고대 로마 제국의 수도이기도 했다. 로마 제국 시대의 건물들은 거의 다 폐허가 되었지만, 로마의 땅을 파기만 하면 아직도 로마 제국의 유적들이 나온다고 한다. 도시 전체가 역사박물관인 셈이다. 로마 제국의 유적은 특히 아피아 가도의 길가에 많이 남아 있다.

피자와 파스타, 스파게티

이탈리아 인들은 밥 대신 파스타를 먹는 다. 파스타는 이탈리아식 국수인데 파스타 가운데 특히 면이 길쭉한 것을 스파게티라고 부른다. 피자는 로마 제국 시대에 기름과 식초로 반죽해 구운 납작한 빵에서 유래했다고 한다. 그때는 빵과 마늘과 양파를 곁들여 먹었는데, 빵에 토마토나 각종 야채를 넣은 오늘날과 같은 피자는 18세기 말부터 만들어졌다.

유행을 이끌어 가는 이탈리아 북부의 패션 산업

이탈리아는 르네상스를 시작한 나라답게 뛰어난 패션 디자이너가 아주 많은 나라이다. 대표적인 패션 디자이너인 아르마니는 '옷은 사람을 품위 있게 보이도록 해 줘야 한다.'는 신념으로 단순하면서도 우아한 디자인의 옷을 많이 만들었다. 전통적인 섬유 도시인 밀라노에서는 거의 매일 패션 박람회가 벌어지는데 새로운 디자인을 구경하고 배우기 위해서 많은 사람이 밀라노로 몰려든다.

이탈리아 자동차여행을 꼭 해야 하는 이유

도시별 다른 느낌

이탈리아는 도시 국가에서 출발하여 오늘날까지도 지방마다 각각 작은 나라와 같은 특색을 간직하고 있다. 남북이 긴 장화모양의 국토는 이탈리아가 로마 제국 후에 각 지방별로 발전한 이유이기도 하다. 각각 다른 자연 환경에 도시별로 발전한 이탈리아는 지역별로 도시들이 특징이 있다. 다른 환경의 도시들이 모여 있는 이탈리아는 마치 한 나라가 아닌 다른 나라들이 모인 대륙 같은 느낌이 있다.

짧은 이동거리

이탈리아 반도가 대륙 같은 느낌이지만 자동차로 여행을 한다면 최적의 여행지로 꼽힐 수 있다. 도시별로 이동거리가 짧지만 다른 느낌이 드는 도시를 만나게 되기 때문에 자동차 운전으로 인한 피로가 적다. 게다가 로마 제국부터 발전한 도시들은 제각각 음식과 문화가 다르고 도시의 모습들도 차이가 있으니 도시 여행이 지겹지 않다.

■ 여행 짐이 가볍다.

이렇게 많은 도시들을 만나려면 이동에 제한이 없는 자동차 여행이 이탈리아 여행에서 장점이 생기게 된다. 남북이 다른 환경이니 날씨에 대한 대비도 있어야 하지만 자동차에 각자의 짐을 싣고 이동하는 자동차여행은 짐에 대한 부담이 적어진다.

■ 운전이 거칠지 않다.

이탈리아 자동차여행을 하기도 전에 이탈리아 사람들은 급하고 거칠게 마음대로 운전할 것 같은 인상을 가질 수 있지만 사실 이탈리아 사람들의 운전은 거칠지 않다. 대도시의 시내가 아니라면 사람들은 의외로 친절하고 운전할 때 기다려 주는 배려심도 의외로 깊다. 필자가 유럽에서 매년 자동차여행을 하고 있지만 유럽에서는 영국과 이탈리아 사람들의 운전 매너가 가장 좋다고 생각한다.

ZTL(차량 진입 제한 지역) 선입견을 없애라.

이탈리아는 도시 내로 이동이 불가능한 ZTL 구역 때문에 어렵다는 선입견을 가질 수 있다. 도시들이 많아서 성곽 앞에 주차를 하고 여행을 해야 한다. 대도시는 중심부는 거의 주차를 하기 어렵기 때문에 외곽에 있는 주차장을 이용해야 하기 때문에 자동차여행이 힘들다는 생각을 하게 된다.

대한민국과 비슷한 톨게이트 & 휴게소

동유럽은 비네트를 구입해 차량에 붙여야 해 모르고 운전하면 벌금을 받을 수 있다. 그런데 이탈리아는 톨게이트를 지나가면서 통행료를 낸다. 대한민국과 비슷한 운전 시스템이라고 느껴지게 되는 것이다. 휴게소도 유럽에서 가장 크고 다양한 음식과 물건을 구입하기 쉽게 운영 중이라 운전 중에 필요한 물품들은 언제가 구입이 가능하다. 게다가 휴게소에서 각종 제품들을 할인도 많이 하는 편이다.

■ 신선한 음식과 와인

대부분의 이탈리아 여행을 하는 도시인 로마, 피렌체, 베네치아뿐만 아니라 중부의 토스카나 지방과 북부의 소도시를 적절히 섞어 여행한다면 더할 나위 없이 신선한 이탈리아 음식을 맛볼 수 있을 것이다. 물론 맛있는 음식과 와인을 음미하며 패션의 도시를 구경하는 기본적인 욕구 충족도 이탈리아에서 빼놓을 수 없는 기쁨 중 하나일 것이다.

환상적인 야경

이탈리아의 각 도시들은 서유럽의 야경과는 다른 옛 시절을 보는 야경이 관광객의 마음을
사로잡는다. 도시가 크던지, 작던지 문제가 되지 않는다. 너도나도 황홀한 풍경에 사로잡
힌다. 관광객의 마음을 빼앗아 가는 야경을 보는 기회를 잡아보자.

이탈리아 여행에 꼭필요한 INFO

와인의 기초 상식, 와인을 느껴보자!

바디감(Body)

와인을 입에 머금고 잠깐 멈추면 입안에서 느껴지는 와인만의 묵직한 느낌이 다가온다.

Light Body

알코올 12.5% 이하의 와인은 일반적으로 라이트-바디 와인이라고 부른다. 화이트 와인이 대부분 산뜻한 맛을 느끼게 해준다.

Mdeium Body

알코올 12.5~13.5%의 와인은 일반적으로 미디엄-바디 와인이라고 부른다. 로제, 프렌치 버건디, 피놋 그리지오, 쇼비뇽 플라 등이 중간 정도의 느낌을 준다.

Full Body

알코올 13.5% 이상의 와인은 풀-바디 와인으로 말한다. 대부분의 레드 와인이 이에 속한다. 샤도네이 와인만 풀-바디의 화이트 와인이다.

탄닌(Tanni)

와인 맛에서 가장 뼈대를 이루는 중요한 부분으로, 와인을 마실 때 쌉싸름하게 느끼는 맛의 정체가 탄닌Tannin이다. 식물의 씨앗, 나무껍질, 목재, 잎, 과일의 껍질에는 자연적으로 생겨나는 폴리페놀이 있는데, 우리는 쓴맛으로 느끼게 된다.

일반적으로 와인의 탄닌은 포도껍질과 씨앗에서 나오게 되며 오크통 안에서 숙성을 거치면서 오크통에서도 약간의 탄닌이 나오게 된다. 와인을 안정시켜주며 산화를 막아주는 가장 기본적인 성분이다.

산도(Acidty)

와인의 맛에 살아있는 느낌을 준다고 이야기하는 부분으로 와인이 장기 숙성을 할 수 있는 요소이다.

주석산(Tartaric Acid)

와인의 맛과 숙성에 가장 큰 역할을 하는 중요한 산으로 포도가 익어가는 과정에서 변하지 않고 양이 그대로 존재하게 된다.

사과산(Malic Acid)

다양한 과일에 함유된 산으로 포도가 익기 전에는 사과산 수치가 높지만 점점 익어가면서 수치가 낮아지게 된다.

구연산(Crtric Acid)

감귤류에 함유된 산으로 와인에는 주석산의 약 10% 정도만 발견되는 가장 적은 양의 산이다.

라벨 읽는 방법

와이너리 이름
생산지역
포도 수확 연도

Italy Wine

이탈리아 와인

이탈리아 와인은 좋은 와인인데도 프랑스 와인에 비해 제대로 된 값을 받지 못했다. 그래서 이탈리아 와인협회는 1963년 하위등급 VdT(Vino da Tavola)부터 I.G.T(Indicazione Geografica Tipica), D.O.C(Denominazione di Origine Controllata), D.O.C.G(Denominazione di Origine Controllata e Garantita) 4등급으로 분류하고 체계를 갖추었다. 2010년에 유럽 연합에서 규정에 따라 등급을 나누는 명칭을 바꾸고 변경했지만 아직 변화는 많지 않다.

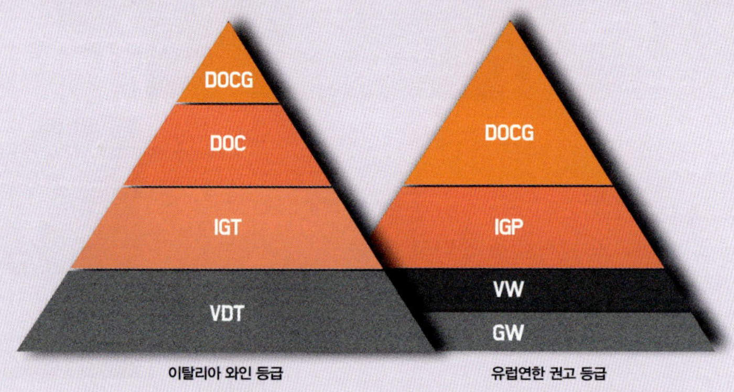

이탈리아 와인 등급   유럽연한 권고 등급

D.O.C.G
Denominazione di Origine
Controllata e Garantita

약자인 'DOCG'라로 부르며 포도 수확량과 생산 방법을 엄격하게 제한한 이탈리아 정통 와인에만 적용하는 최고 등급이다. 이탈리아 정부에서 보증하는 최고급 와인은 전체 와인 생산량 중 8~10%만이 분류되고 갈색 띠를 두르고 있다. 현재 15개 지역에서 생산되며, 이 등급에 해당되는 와인은 24개다.

D.O.C
Denominazione di Origine
Controllata

약자인 DOC는 프랑스의 AOC의 등급 제도를 모델로 삼은 것으로 포도 품종과 수확량, 생산 방법을 모두 규제한다. 고급 와인이지만 최고 등급은 아니다.

D.O.C 원산지 통제표시 와인 품질을 결정하는 위원회의 주기적인 점검을 받아야 한다. 전체 와인 생산량 중 10~12%만이 분류된다. DOC급 또한 DOCG와 마찬가지로 이를 보증하는 푸른색 띠를 쓴다.

I.G.T

Indicazione Geografica
Tipica

약자로 IGT라고 부르며 최근에 도입된 등급이다. 프랑스의 뱅 드 페이를 모델로 삼아 일반화된 와인과 생산지를 표시한 중급 와인이다. 일상적인 서민 수준에서부터 국제적인 수준의 와인까지 다양한 레벨의 와인 품질을 보유하고 있으나, D.O.C.G나 D.O.C에 사용되는 지방이나 지역 이름은 사용할 수 없다.

VdT

Vino da Tavola

규제가 없는 와인들로 이루어진 최하위 등급으로 일반적인 테이블 와인이자 일상적으로 소비하는 와인이다. 이탈리아의 와인 제조업자들 중 독창적인 와인을 만들어 내는 업자들은 VdT등급을 따르되, 저가가 아닌 고가 와인을 만들어 판매하는데, 고가의 슈퍼 토스카나 와인이 이에 해당한다.

이탈리아 북부 와인

이탈리아 북부의 주요 포도 산지는 피에몬테 주와 베네토 주이다. 네비올로, 바르베라는 피에몬테 주에서 유명한 바롤로, 바르바레스코, 아스티 등의 산지에서 와인을 만드는데 쓰이며, 코르비나는 베네토 주의 발폴리첼라 와인을 만드는데 주로 사용된다.

피에몬테 (Piemonte)

피에톤테는 대표적인 이탈리아 북부의 와인 생산지이다. 네비올로[Nebbiolo] 품종을 사용한 바롤로[Barolo]와 바르바레스코[Barbaresco] 와인이 유명하다. 화이트 와인으로는 코르테제[Cortese] 포도로 만들어 산도가 높고 드라이한 와인이다.

바를로 Barolo	바르바레스코 Barbaresco	모스카토 다스티 moscato d'Asti
네비올로 품종이지만 묵직하고 진한 레드 와인으로 '와인의 왕'으로 불린다.	같은 품종이지만 부드럽고 세련된 레드 와인으로 와인의 여왕으로 불린다.	부드럽고 가벼운 발포성 와인이다.

포도 품종

네비올로(Nebbiolo)

이탈리아 북부인 피에몬테 지역의 토착 품종으로 추운 겨울 날씨에 잘 견딘다. 수확이 늦고 포도가 늦게 익어서 알콜 도수가 높게 나와 풀 바디 느낌의 와인이 만들어진다. 주로 10년 이상의 장기 숙성 와인을 생산하는 품종으로 롬바르디아와 베네토 지방에서는 '키아벤나스카(Chiavennasca)'라는 명칭으로 불린다.

바르베라(Barbera)

피에몬테 주를 중심으로 이탈리아 북부에서 널리 재배되는 품종이다. 적은 타닌 함유량과 함께 산도가 높고 과실향이 풍부하며 감칠맛 나는 레드 와인을 만들어낸다. 고급와인 보다는 테이블 와인으로 많이 이용되는 품종이다.

롬바르디아 (Lombardy)

북부 이탈리아의 중심에 위치해 내륙으로 둘러싸여 있는 산들도 기온의 일교차가 크다. 큰 호수가 기후를 완화시켜주어 와인 생산의 최적지이기도 하다. 프란챠코르타 같은 스파클링 와인과 네비올로 품종을 사용한 레드 와인, 투르비아나 품종으로 만든 화이트 와인 등이 유명하다.

트렌치노 알토 아디제 (Trentino-Alto Adige)

이탈리아에서 가장 북쪽의 와인 생산지로 산악지형이 선사한 일교차로 산악지만의 와인이 강점이다. 와인의 깊고 풍부한 화이트와인과 스파클링 와인이 유명하다. 피노 그리지오$^{Pinot Grigio}$, 피노 비앙코$^{Pinot Bianco}$ 등의 화이트 와인과 트렌토^{Trento}의 스파클링 와인이 있다.

베네토 (Veneto)

총 생산의 약 70%가 화이트 와인으로 구릉 지대에 있는 포도밭이 색다른 풍경을 만드는 지역이다. 프리울라노^{Friulano}, 피노 비앙코$^{Pinot Bianco}$ 등의 청포도 품종을 사용한다.

BERNARDINI

토스카나 (Toscana)

이탈리아에서 가장 유명한 와인과 포도밭이 있는 곳으로 지질구조가 다양하여 많은 와이너리가 존재한다. 지중해성 기후는 여름에는 뜨겁고 가을부터는 추워지는 기후는 고급 와인이 만들어지기 좋다. 산조베제와 폰테풀치아노와 같은 적포도가 잘 자라는 지역으로 구획별로 정해진 품종으로 와인을 만든다.

키안티 클라시코 **Chianti Classico**	브루넬로 디 몬탈치노 **Brunello di Montalcino**	비노 노빌레 디 몬테풀치나오 Vino Nobile di Montepulciano	슈퍼투스칸 **Super Tuscan**
토스카나의 전통 와인 중에서 우수한 품질의 와인으로 정평이 나있다.	장기 숙성하는 와인으로 묵직한 바디감에 부드러운 목넘김이 일품이다.	귀족와인이라는 명칭만큼우아하고 부드러운 와인이다.	외국 품종을 블렌딩하는 새로운 양조방식으로 인정받은 와인이다.

포도 품종

산조베제(SanGiovese)

이탈리아에서 가장 넓은 분포도를 보이는 레드 품종으로 토스카나 주를 중심으로 이탈리아 중부에서 널리 재배된다. 신맛이 강하지만 떫거나 부담스럽지 않아 밸런스가 좋다.

브루넬로(Brunello)

산조베제의 일종으로 브루넬로 디 몬탈치노 와인으로 유명하며, 산조베제 와인보다 묵직하고 색도 더 진하다.

몬테풀치아노(Montepulciano)

이탈리아 중동부에서 널리 재배되는 품종으로 토스카나에서는 산조베제(SanGiovese), 카나이올로 네로(Canaiolo nero), 말바지아(Malvasia)와 블렌딩하여 비노 노빌레 디 몬테풀치아노(Vino Nobile di Montepulciano)를 생산한다. 아브루초 지방에서는 최대 15%의 산조베제와 블렌딩하여 몬테풀치아노 다브루초(Montepulciano d'abruzzo)를 생산하며, 강건하고 드라이한 맛을 낸다.

이탈리아 음식

이탈리아는 로마 제국이 멸망하면서 각 도시들로 분화되어 살아왔다. 이탈리아 중, 북부는 이후의 서양 역사를 주도하면서 산업화도 이루어 호황을 누리면서 살아왔다. 농업이 발달하기도 하여 쌀이나 유제품이 들어간 요리가 많다. 이에 반해 이탈리아 남부는 경제적으로는 침체되었지만 풍부한 해산물을 활용해 올리브와 토마토, 모짜렐라 치즈를 넣어 만든 요리가 많다.

피자 (Pizza)

밀가루 반죽으로 만든 도우 위에 토마토 소스와 모짜렐라 치즈를 얹어 둥글고 납작한 형태로 구운 빵 요리이다. 이탈리아에서 유명한 나폴리에서 유래된 피자 마르게리타는 크러스트에 토마토 소스, 모짜렐라 치즈, 바질, 올리브 오일로 만든다. 최근에는 다양하게 고기, 살라미, 해산물, 치즈, 채소나 과일까지 다양한 종류의 토핑을 선택해 얹는다.

파스타 (Pasta)

지중해에서 생산된 밀에 물을 섞거나 달걀을
섞어 부풀리지 않고 반대기를 지어서 국수 등
의 형태로 만들 음식으로 삶거나 구워 먹는다.
이탈리아의 주식이며 국민 음식으로 종류도
다양하다.

아란치니 (Arancini)

이탈리아에서 피자나 파스타만큼 유명하지는 않지만 아란치니도 이탈리아를 대표하
는 음식 중의 하나이다. 시칠리아 지역에서 유래된 음식으로 고기, 토마토, 모짜
렐라, 각종 버섯, 피스타치오 등을 으깨 작은 골프공 크기 정도로 만들어 빵가
루를 묻혀 튀겨내는 요리이다.

라자냐 (Lasagne)

납작하고 큰 파스타 면에 야채, 치즈, 베샤멜 소스, 토마토 소스,
다진 고기 등을 층층이 쌓고 오븐에 구워 먹는 요리이다.

오소 부코 (Osso Buco)

송아지의 뒷다리 정각이 부위에 화이트 와인을
붓고 푹 고아 낸 일종의 찜 요리이다. 정강이뼈와
골수를 제거하지 않은 채 장시간 서서히 조리하
기 때문에 재료에서 진한 육수가 우러나며 육질
은 부드럽다.

프로슈토 (Prosciutto)

스페인의 하몽과 유사한 음식인데, 이탈리아 친구들은 이탈리아의 프로슈토[Prosciutto]가 원조라는 말을 많이 한다. 이탈리아의 저장 햄으로 멜론이나 치즈와 함께 먹는다. 치즈, 멜론, 프로슈토에 이탈리아 와인을 함께 먹으면 금상첨화이다.

리볼리타 (Ribollitta)

투스카니 지방의 서민 음식이었던 리볼리타[Ribollitta]는 냄비에 올리브오일을 두르고 다양한 야채를 넣어 볶은 후에 으깬 토마토와 닭 육수를 넣어 삶아내면 카넬리니 빈과 케일을 넣어서 섞는다. 오래된 빵을 넣어 걸죽하게 만들면 리볼리타가 된다.

살팀보카 (Saltimbocca)

'입안에 넣으면 깜짝 놀란다'라는 이탈리아어인 살팀보카[Saltimbocca]는 얇게 썬 송아지 고기에 프로슈토, 세이지[Sage]를 넣고 김밥처럼 말아서 와인과 버터를 넣어 튀기면 된다.

젤라또 (Gelato)

부드러운 젤라또는 이탈리아에서 유래한 아이스크림으로 과육, 설탕, 우유, 커피나 향초 등을 섞어 만들 것이다. 일반적인 아이스크림보다 지방 함량이 낮고 맛은 더 진한 것이 특징이다.

토르네 (Torrone)

이탈리아 전통 디저트인 토르네Torrone는 꿀, 달걀의 흰자, 구운 견과류, 레몬 제스트 등을 섞어 굳힌 음식이다.

이탈리아 르네상스의 탄생

동방으로 나아가 세력을 넓히고자 했던 유럽의 여러 나라는 십자군 전쟁을 일으켰다. 전쟁을 치르며 많은 사람이 유럽과 아시아를 넘나들게 되었다. 이것을 기회로 유럽인들은 물자가 풍부한 아시아에서 여러 문물을 들여왔다. 덕분에 상업이 발달하고, 상업의 중심이 되는 도시들이 발달하게 되었다.

활발한 도시 생활을 하는 사람들은 생각도 그만큼 자유로웠다. 이들은 교회의 권위를 부정하고 자유롭게 생각하며 개성을 발휘하고자 했다. 이들은 바로 고대의 그리스, 로마 문화를 본받아 더욱 새로운 문화를 창조하기 시작했다. 르네상스란 바로 고대 그리스, 로마 문화를 다시 살려 냈다는 뜻이다.

자유가 숨 쉬는 도시들

중세 유럽에서는 자기가 쓸 것을 자기가 생산하는 자급자족의 농촌 경제가 발달했다. 그런데 중세 말부터는 유럽과 아시아 사이의 무역이 활발해지면서 상업이 활기를 띠고 도시가 발달하기 시작했다. 특히 11세기 말에 시작된 십자군 전쟁은 유럽과 아시아 사이의 무역이 발전하는 데 크게 기여했다. 십자군 전쟁은 크리스트교의 성지인 예루살렘을 이슬람교도의 손에서 되찾는 다는

종교적인 목적으로 시작되어, 수많은 사람을 희생시킨 비극적인 전쟁으로 이어졌다. 하지만 한편으로는 향신료를 비롯한 동방의 산물들이 들어오고, 전쟁 무기를 만들기 위해 야금업이 활기를 띠는 등 상공업이 크게 번성하는 계기가 되었다.

그 가운데 이탈리아 반도는 유럽의 다른 지역보다 먼저 상공업이 발전했다. 상공업의 발전을 이끈 도시들은 피렌체를 비롯한 밀라노, 제노바, 베네치아, 피사 등으로 지중해 무역을 통해 번영했다. 이들 도시에서는 '화사'가 처음으로 세워지기도 하고, 주판을 사용하여 장부 정리를 하기도 했다. 이는 그만큼 상공업이 발달했음을 보여 주는 것이다. 그런데 중세 도시는 고대 도시와는 크게 달랐다.

고대 도시가 주로 농촌에서 생산한 것을 소비하는 중심지였다면, 중세 도시는 소비뿐만 아니라 생산의 중심지이기도 했다. 도시는 제품을 만들고 거래하는 중심지로서 상인과 수공업자들뿐만 아니라 관리, 의사, 교사, 법조인 등 전문 직업인도 많았다. 그들은 모두 전문 지식과 기술을 통해 부를 쌓아 갔다.

그러자 이웃 봉건 영주들이 도시를 탐내기 시작했다. 도시의 시민들은 용병을 고용하고 이웃 도시와 서로 동맹을 맺음으로써 영주들에게 대항하고 도시의 자유를 지키려고 노력했다. 그리하여 12세기 무렵에는 많은 도시가 주변 영주들로부터 자치권을 얻는 데 성공했다. 농촌에서 도망친 농노들도 도시에서 1년하고도 하루를 더 살면 자유인이 되었다. 자치 도시들은 봉건적인 억압이 판치는 중세 유럽에서 자유의 요새였다.

이탈리아 르네상스가 남긴 산물

예술의 개념

르네상스 시대에 예술의 개념이 생겨났다. 그 이전까지 예술가들은 단지 손재주가 좋은 기능공들로 여겨졌다. 이때부터 예술은 인간의 고귀한 정신을 표현하는 기예라는 생각이 등장했다. 오늘날 위대한 예술은 많은 사람에게 감동을 안겨 주며, 예술가들은 그만큼의 보상을 받는다.

합리주의

르네상스를 거치면서 사람들은 사물에는 고유한 법칙과 논리가 존재한다고 생각하게 되었다. 그리고 이 법칙과 논리는 인간이 자신의 눈으로 관찰하고 머리로 생각하여 설명할 수 있다고 믿었다. 이것을 합리주의라고 하는데, 이런 태도는 과학 기술이 발전하는 데에 크게 기여했다.

고전 물리학

갈릴레이가 물체의 운동 법칙을 연구한 이후, 뉴턴에 이르러 고전 물리학이 완성되었다. 이들에 따르면 우주는 하나의 커다란 기계이며 각 부분은 전체와 조화를 이루면서 각각의 기능을 다한다. 만물의 움직임에는 원인과 결과가 있으므로 모든 것은 예측과 설명이 가능하다. 고전 물리학의 발달로 인류는 여러 가지 편리한 기계와 도구를 발명할 수 있게 되었다.

인문주의

르네상스 시대에 학문 연구의 원칙이 세워졌고 인간 자신이 탐구 대상이 되었다.
인간을 탐구하면서 인문주의자들은 인간을 둘러싼 사회와 정치에 대해 큰 관심을 갖게 되었다. 인간과 관련된 모든 것을 숙고하고 연구하려는 태도는 오늘날 문학, 철학, 역사학 등 인문학 전통에 고스란히 녹아 있다.

이탈리아 여행 추천 일정

남부 & 중부지방

로마(바티칸 시국) → 폼페이&소렌토&카프리 → 아말피 → 티볼리 → 오르비에토 → 로마

로마 & 토스카니 지방

로마(바티칸 시국) → 티볼리&오르비에토 → 아시시&시에나 → 피렌체(2일) → 로마

핵심 이탈리아

로마(바티칸 시국/2일) → 피렌체(2일) → 베네치아 → 밀라노

9박 10일

남부 & 중부지방

로마(바티칸 시국) → 폼페이&소렌토&카프리 → 아말피 → 티볼리 → 오르비에토 → 사투루니아 → 로마(2일)

로마 & 토스카니 지방

로마(바티칸 시국/1일) → 티볼리&오르비에토 → 아시시&몬테풀치아노 → 피엔차&몬탈치
노 → 시에나 → 산지미냐노&피렌체(2일) → 로마

핵심 이탈리아

로마(바티칸 시국/2일) → 피렌체(2일) → 피사&친퀘 테레 → 베네치아 → 밀라노(2일)

밀라노 → 코모 호수 → 볼차노&돌로미티(4일) → 베네치아 → 베로나 → 밀라노

13박 14일

남부 지방

로마(바티칸 시국/2일) → 나폴리 → 폼페이 → 소렌토&카프리 → 아말피 → 살레르노&마테라 → 알베로벨로 → 폴리냐노 아 마레 → 티볼리 → 오르비에토 → 로마

로마(바티칸 시국) → 사투루리아&치비타 디 빈뇨레조 → 티볼리&오르비에토 → 아시시&
몬테풀치아노 → 피엔차&몬탈치노 → 시에나 → 산지미냐노 → 피렌체(2일) → 루카&피사
→ 친퀘테레 → 로마

로마에서 밀라노까지

로마(바티칸 시국/2일) → 티볼리&오르비에토 → 아시시&몬테풀치아노 → 피엔차&몬탈치
노 → 시에나 → 산지미냐노 → 피렌체(2일) → 친퀘 테레 → 제노바 → 밀라노

밀라노(2일) → 코모 호수 → 볼차노(4일) → 코르티나 담페초 → 베네치아(2일) → 베로나
→ 시르미오네 → 친퀘 테레 → 밀라노

3주

로마에서 이탈리아 알프스까지

로마 → 바티칸 시국 → 사투루리아&치비타 디 빈뇨레조 → 티볼리&오르비에토 → 아시
시&몬테풀치아노 → 피엔차&몬탈치노 → 시에나 → 산 지미냐노 → 피렌체(2일) → 친퀘
테레 → 제노바 → 코모 호수 → 볼차노&돌로미티(4일) → 베네치아(2일) → 베로나 → 밀
라노

ITALY, Roma
이탈리아 로마

로마의 통치방식

'로마는 하루아침에 이루어지지 않았다'라는 말을 한번쯤은 들어봤을 것이다. 이것은 큰일은 짧은 시간에 이루어지는 것이 아니다. 라는 뜻의 속담으로 사용되고 있다.
로마는 이탈리아 중부의 작은 도시에서 출발한 로마가 소아시아, 유럽, 아프리카에 걸친 대제국으로 성장하기까지 오랜 시간이 걸렸다.

로마에 가면 로마법을 따르라.

로마에는 여러 인종과 민족이 함께 살면서 다양한 인종들을 다스리기 위해 통치수단이 필요했다. 로마는 인간의 도덕이나 행동을 바로잡는 역할을 법에서 찾았다. 법은 상당히 로마인들을 통합적으로 다스리는 데에 효력을 발휘하였다. 공화정 시대에 로마의 법은 평민의 권리를 키우는 일과 맞물려 발전했다. 로마 공화정 초기에 귀족이 나라의 중요한 자리를 모두 차지했으나 정복 전쟁이 계속되면서 보병을 구성하는 평민들의 중요성이 커졌다. 평민들은 전쟁터에 나가서 싸우는 대가로 정치에 참여할 수 있는 권리를 요구하면서 법이 조금씩 바뀌기 시작했다.

기원전 450년, 외적이 로마 가까이 다가오고 있을 때, 평민들은 평민의 권리를 지켜주는 내용을 법률로 만들 것을 요구하며, 전쟁에 나가기를 거부했다. 다급해진 귀족들은 평민의 요구를 받아들여서 12표 법을 만들었다. 12표 법은 아직 귀족과 평민의 결혼을 금지하고, 빚을 갚지 못한 이는 노예로 만든다는 불리한 내용이 있었다. 이후에도 평민들의 요구는 늘어났고 귀족과 평민의 갈등은 심해졌다. 갈등이 심해지는 시기에 켈트족이 침입하면서 로마는 전쟁에서 패하였다.

귀족과 평민 사이의 대립을 끝내기 위해 개혁을 시도하며 만들어진 법이 리키니우스 젝스티우스 법이었다. 집정관 중 한 명은 반드시 평민에서 뽑고, 로마 시민이면 누구나 관직에 오를 수 있는 자격이 법으로 보장되었으며, 몇 년 뒤에는 주요 공직에 오른 경험이 있는 평민은 원로원 의원이 될 수 있는 사항까지 법에 명시되었다. 기원전 287년에 원로원의 허가 없이도 평민회 결의가 법적 효력을 갖게 된다는 호르텐시우스법이 만들어지면서 귀족과 평민의 법적 차별은 사라졌다.

평민의 권리확대는 로마인들을 하나로 뭉치게 했고, 로마는 영토를 확대하는 정복 전쟁에서 승리하면 세계 제국으로 성장해갔다. 제정 시대에 들어와서도 다양한 문화를 가진 많은 민족들을 다스리는 데 12표 법을 수정해 이탈리아 반도 내의 시민들에게 적용하였고 로마가 영토가 확대된 이후에는 각 지역의 관습법을 받아들여 모든 주민에게 적용한 만민법으로 발전하면서 "로마에 가면 로마법을 따르라"라는 문구가 생겨났다.

로마의 젖줄, 도로와 상하수도

로마는 큰 제국을 다스리려면 튼튼하고 넓은 도로가 필요했다. 그래야 더욱 신속하게 소식을 전하고, 정복 전쟁을 위한 많은 군대가 빠르게 이동할 수 있었다. 로마인들은 약4m 너비에 1m 깊이로 땅을 파서 큰 돌을 가지런히 놓아 바닥을 평탄하게 만들고 그 위에 잘게 부순 돌을 깔았다. 다시 자갈로 덮고 화산재로 틈새를 다지고 맨 위에 크고 작은 블록을 빈틈없이 맞추는 도로를 만드는 기술이 뛰어났다.

거리가 1,400m마다 돌기둥을 세워 위치와 각종 정보를 새기는 '마일비'를 세웠다. 일정한 거리마다 여관, 식당, 말 교환소 등을 두어 편리하게 여행할 수 있도록 하는 도로가 로마 제국의 구석구석까지 뻗어 있었다. 로마의 도로는 군대의 신속한 이동을 돕는 군용도로, 사람과 세금, 상품의 이동을 활발하게 하는 경제 도로이자, 넓은 로마 제국을 다스리는 데 꼭 필요한 정보와 명령을 신속하게 전달할 수 있도록 행정 도로였다. 더 나아가 로마 제국의 지배를 받는 사람들로 하여금 로마의 지배를 깨닫게 해 주는 정치 도로였다.

로마인들은 도로뿐 아니라 물이 다니는 길, 즉 수로를 만드는 데에도 탁월했다. 로마인들

은 거대한 수로를 만들어 800㎞ 넘게 떨어진 곳에서도 물을 끌어왔다. 로마인들이 수로를 만든 이유는 자연에만 의존하지 않고 안정적으로 깨끗한 물을 이용하려고 했기 때문이다. 수로를 만들 때에는 먼저 맑은 호수에 여러 개의 관을 연결했다. 그러면 돌로 만든 관을 타고 물이 로마 시내까지 흘러들어왔다.

지하 수로인 경우에는 갱도를 파고, 지상 수로인 경우에는 다리를 놓아 관을 연결했다. 완만한 경사를 이룬 수로를 따라 물이 자연스럽게 흘러갈 수 있었다. 로마 시내까지 흘러온 물은 저장해 두기보다 계속 흐르게 해서 맑은 상태를 유지하도록 했다.

수로에서 공급된 물은 마시고, 씻고, 하수를 처리하는 데에 사용했다. 오늘날에도 로마 시내에 있는 많은 분수들이 2천 년 전에 로마 사람들이 만든 수로를 통해 흘러드는 물을 이용하고 있다.

로마의 뛰어난 건축 기술

건축에서도 로마인들은 뛰어난 재주를 가지고 있었다. 여러 도시에 신전, 원형 경기장, 목욕탕, 개선문 같은 거대한 건축물을 남겼다. 신전 가운데 유명한 것으로는 판테온이 있다. 콘크리트로 만든 돔은 무게가 5,000톤, 돔 안쪽의 지름과 천장까지의 높이가 똑같이 43.3m에 달한다. 이처럼 거대한 돔 내부에는 지지대가 하나도 없고, 6미터 두께의 벽들이 받치고 있다. 이는 고대 건축물 가운데 최대 규모이다.

이와 같은 거대한 건축물을 만들 수 있었던 비결은 아치형 구조에 있다. 무지개나 활처럼 한가운데를 높게 하여 곡선 모양으로 만든 건축물을 '아치'라고 한다. 아치형 구조를 사용하면서 기둥과 기둥 사이를 넓힐 수 있었고, 큰 건물을 지을 수 있게 되었다. 돔을 이용해 기둥 없는 넓은 공간을 만들 수 있어 건물은 웅장한 모습을 보였다.

'신들이 사는 집' 이라는 뜻의 판테온은 원래 로마의 신들에게 바쳐진 신전이었으나 4세기 말에 크리스트교의 교회로 바뀌었다. 로마를 대표하는 건축물에는 콜로세움으로 대표되는 원형 경기장이 있다.

전쟁을 자주 치르던 로마 사람들은 문학이나 연극보다는 경기에 더 열광했다. 콜로세움은 하얀 대리석과 황금을 장식한 거대한 원형 극장으로 로마 황제들을 위한 검투 경기장으로 지어졌다. 높이가 4층 아파트와 비슷한 콜로세움은 입구의 수만 해도 80개가 넘었다.

콜로세움은 5~6만 명의 관중을 수용할 수 있었으며 관람석에는 여닫을 수 있는 거대한 장막이 설치되어 있어서 비가와도 걱정이 없었다. 어느 방향에서나 관중이 검투사의 경기를 잘 볼 수 있도록 관람석은 원형으로 만들어졌고, 지하에는 야수들을 가두는 철창이 설치되어 있었다. 검투사 간의 결투, 야수 간의 결투, 야수와 사람 간의 격투 등, 로마인들은 치열한 대결에 열광했다. 80년경에 콜로세움의 개장식을 성대하게 열면서 황제는 무려 100일에 걸쳐 1만 명이 넘는 검투사와 야수가 혈투를 벌여 9천명에 달하는 검투사가 목숨을 잃기도 했다.

이탈리아 르네상스의 후원자, 메디치 가문

이탈리아 르네상스를 일으킨 도시 피렌체는 원래 '꽃의 도시'라는 뜻이다. 그 이름에 걸맞게 위대한 학자들과 예술가들이 피렌체를 빛냈다. 하지만 그들의 재능을 알아보고 후원한 사람들이 없었다면 르네상스도 없었을 것이다. 이탈리아 정원에 핀 피렌체라는 꽃을 아름답게 가꾼 정원사는 바로 메디치 가문이었다. 메디치 가문이 르네상스를 일으키는 데에 어떤 역할을 했는지 알아보자.

피렌체의 지배자, 메디치 가문

상업과 직물업 등으로 큰돈을 번 메디치 가문은 막대한 경제력을 바탕으로 15세기에는 피렌체를 다스리는 집안이 되었다. 15~18세기까지 피렌체의 정계에 진출하여 막강한 영향력을 행사했고, 르네상스 예술의 대표적인 후원자였으며, 3명의 교황과 2명의 프랑스 왕비를 배출하는 등 유럽 역사의 한 페이지에 기록된 귀족 가문으로 알려져 있다.

로렌초 데 메디치는 보티첼리의 유명한 역작인 비너스의 탄생을 후원하였으며, 코시모 데 메디치는 필리포 브루넬레스키를 후원하여 피렌체 대성당의 돔을 디자인하게 하였다.

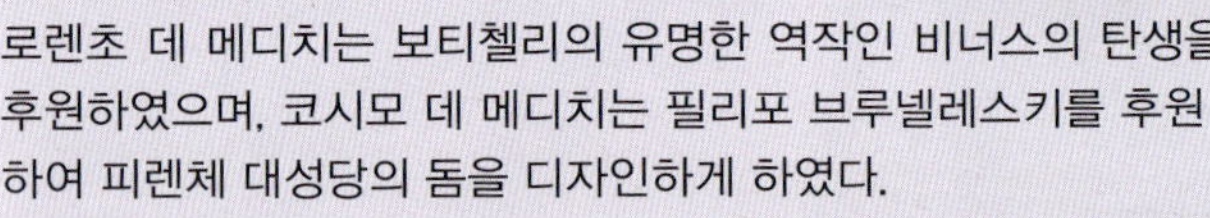

르네상스의 후원자, 메디치 가문

1434년부터 실권을 자고 피렌체를 다스리게 된 메디치 가문은 경제력만으로는 선진국이 될 수 없다는 것을 알고, 피렌체를 문화 대국으로 만들기 위해 온 힘을 기울였다. 그래서 유럽에서 가장 큰 도서관과 그리스 철학을 연구하는 플라폰 아카데미를 세우고 예술가들을 도와 작품을 만들게 했다. 이 가운데 가장 유명한 사람이 미켈로초와 브루넬레스코, 도나텔로, 미켈란젤로였다.

미켈로초가 완성한 메디치 궁전

원래 경쟁자였던 메디치 가문을 누르기 위해 피키 가문이 짓기 시작한 궁전이다. 그런데 피티 가문이 파산하자 메디치 가문의 코시모 데 메디치가 이를 사들인 다음, 건축가 미켈로초를 시켜 완공했다.

큰 사무실과 호화로운 연회실, 프레스코 벽화와 대리석으로 치장된 예배당 등으로 이루어진 웅장한 궁전이다.

브루넬레스키가 지은 피렌체 대성당

피렌체를 멀리서 바라보면, 둥그런 지붕이 마치 풍선처럼 사뿐히 얹혀 있는 대성당이 눈에 띈다. 이 돔 양식의 대성당은 이탈리아 말로 '꽃의 성모'라고 불린다. 오늘날의 기술로도 그렇게 짓기가 어렵다니 당시 이탈리아 건축가들의 실력이 얼마나 뛰어났는지 알 수 있다.

도나텔로의 다윗 상

도나텔로는 코시모가 특히 아낀 예술가였다. 까다로운 도나텔로가 고객과 자주 다투자 코시모는 도나텔로가 창작에만 전념할 수 있도록 피렌체 교회에 있는 농장을 물려주었다.
도나텔로 또한 1466년에 세상을 떠나면서 코시모 옆에 묻어 달라고 부탁했다.

코시모 데 메디치

코시모는 막대한 부와 민중의 인기를 등에 업고 '정의의 기수'라는 직에 올라 피렌체를 다스렸다. 겉으로는 공화정을 하겠다고 했지만, 실제로는 독재 정치를 폈다. 코시모는 부자였음에도 늘 검소한 농부 옷을 입고 다녔다.

로렌초 데 메디치

코시모의 손자인 로렌초는 피렌체 르네상스를 대표하는 인물이다. 그는 강대국 사이에서 절묘한 세력 균형의 정치와 열정적인 문예 보호를 통해 피렌체를 영광을 빛냈다고 하여 '위대한 자(일 마니피코)'라는 별명을 얻었다.
어린 미켈란젤로의 재능을 알아본 것도 바로 '로렌초'였다.

Italy's Journey to the Age of Architecture
건축으로 시대를 보는 이탈리아 여행

이탈리아 여행은 대부분 수도인 로마에서 시작한다. 그런데 볼 건축물이 너무 많아서 그저 사진만 찍는 여행이 되기 쉽다. 건축으로 시대를 구분하면서 볼 필요가 있다. 이탈리아에는 제국이었던 로마가 오랫동안 자리하고 있었기 때문에 기원전 건축물이나 유적들이 상당히 많다.

Tip 시대를 보아야 하는 이유

이탈리아는 서로마가 멸망하고 중세에 유럽 전역에 기독교 문화를 전파하는 동안 중세 건축 양식이 만들어지기도 했다. 르네상스의 시작이었던 토스카나 지방의 피렌체를 중심으로 건축을 보면서 여행하게 된다. 이탈리아가 쇠퇴하던 시기에 로마에 바로크 양식이 나타나고 통일 이탈리아를 향한 민족주의시기에 이탈리아 건축을 구분하면서 보아야 여행이 즐거워질 수 있다.

로마 제국(Roman Empire / ～4세기 까지)

로마의 제국 시대에 로마는 다른 제국과 다르게 시민들을 위한 건축물과 생활을 윤택하게 하는 수로교가 있었고 시민들에게 즐거움을 주기 위해 콜로세움을 만들었다. 그러므로 시민에게 나누어주기 위해 정복 전쟁을 지속할 수밖에 없었다.

황제들은 자신들이 얼마나 뛰어난지 알리는 방법으로 전쟁을 해 얻은 것들을 시민들에게 나누어 주었다. 또한 이때 개선문이나 돔 형태의 디자인으로 천사의 디자인이라고 불린 판테온을 탄생시켰다.

비잔틴 양식(Byzantine / 5~14세기)

서로마가 멸망하고 나서 이탈리아 반도는 분열된 상태로 도시들이 성장하던 시기였다. 당시에는 동로마인 비잔틴 제국으로 남아서 제국을 유지하고 있었기 때문에 비잔틴 제국의 영향을 받지 않을 수 없었다.

로마네스크 양식(Romanesque / 8~13세기)

서로마가 멸망하면서 바티칸은 홀로 침입을 대비할 수 없었다. 그들은 로마의 영광에 기대었던 프랑크 왕국을 비롯한 왕실에 로마제국의 후예임을 인정하고 유럽에 기독교 전파를 하면서 중세를 호령했다. 10세기부터는 로마의 흔적을 보여주는 건축물이 탄생하게 된다. 침입에 대비하기 위해 건물의 정면은 두껍고 으리으리하게 창문은 작게 만드는 로마네스크 양식을 볼 수 있다.

고딕 양식(Gothic / 12~16세기)

십자군 원정이 시작된 14세기는 중세의 교황은 무소불위의 힘을 가진 시대였다. 이때는 하늘에 있는 하나님에게 닿고자 하는 인간의 열망을 현실화시키려고 하였다. 높은 첨탑과 대리석으로 화려하게 장식하고 뽀족한 모양의 아치와 스테인드글라스로 화려하게 내부에 그림을 그려 기독교 문화를 전파하였다.

르네상스 양식(Renaissance / 14~16세기)

르네상스는 십자군 원정 이후 약화된 교황의 힘은 많은 문제를 노출하면서 사람들은 새로운 세상이 있음을 알게 되었다. 특히 비잔틴 제국이 이슬람 세력에게 무너지면서 비잔틴 제국의 발전된 문화와 건축 등은 이탈리아에 직접적으로 변화하는 힘을 주었다. 이렇게 탄생한 르네상스 시대는 '이성, 로마의 회귀, 규칙'이라는 특징으로 건축물에 영향을 주었다. 특히 비잔틴 양식의 대표적인 돔 형태가 르네상스에 나타나게 된다.

바로크 양식(baroque / 17~19세기)

르네상스 시기가 지나고 지중해 무역이 오스만 투르크 제국에게 막히면서 이탈리아의 르네상스는 급격하게 쇠락한다. 대항해 시대가 시작되면서 서유럽의 각 나라들이 힘을 기르면서 이탈리아의 각 도시들은 그들에게 정복당하는 상황에 이른다.

그들은 이성에 따르는 르네상스에 대항해 뒤틀리고 파도가 보여주는 불안정성을 건축에 보여준다. 정복은 당했지만 아직까지 건축이나 문화의 중심은 이탈리아라는 자신들의 힘을 파도로 형상화했다.

이탈리아
자동차 여행

Italy

달라도 너무 다른 이탈리아 자동차 여행

유럽에서 특별한 휴가를 보내고 싶다면, 유럽에서 가장 인기 있는 이탈리아, 시간이 멈춘 곳으로 특별한 분위기를 자아내는 이탈리아를 자동차로 여행하는 것을 추천한다. 봄꽃으로 새로운 시작이 되었다는 즐거움이 있어야 할 시기에 초미세먼지, 황사로 눈 뜨고 다니기 어렵고 숨 쉬는 것조차 조심스러워 외부출입이 힘들지만 이탈리아에는 미세먼지가 없다. 한 여름에도 시원하게 불어오는 바람을 맞을 수 있는, 뜨거운 햇빛이 비추는 해변이 나에게 비춰주는 내가 알고 있는 따분하지 않은 이탈리아가 당신을 기다리고 있다.

우리가 알고 있던 이탈리아와 전혀 다른 느낌을 보고 느낄 수 있는 초록이 뭉게구름과 함께 피어나는 깊은 숨을 쉴 수 있도록 쉴 수 있고 마음대로 소도시를 여행할 수 있는 곳이 이탈리아이다. 관광객은 누구나 이탈리아 여행을 꿈꾼다. 하지만 이탈리아의 대중교통은 좋은 편이 아니다. 자동차로 이탈리아의 소도시를 여행하는 것은 최적의 조합이라고 할 수 있다. 더운 여름에도 필요한 준비물은 아침, 저녁으로 긴 팔을 입고 있던 바다부터 따뜻하지만 건조한 빛이 나를 감싸는 이탈리아의 아름다운 해안 모습이 생생하게 눈으로 전해온다.

이탈리아 자동차 여행을 계획하는 방법

■ 항공편의 In / Out과 주당 편수를 알아보자.

입·출국하는 도시를 고려하여 여행의 시작과 끝을 정해야 한다. 항공사는 매일 취항하지 않는 경우가 많기 때문에 날짜를 무조건 정하면 낭패를 보기 쉽다. 따라서 항공사의 일정에 맞춰 총 여행 기간을 정하고 도시를 맞춰봐야 한다. 가장 쉽게 맞출 수 있는 일정은 1주, 2주로 주 단위로 계획하는 것이다. 이탈리아는 대부분 수도인 로마, 북부의 밀라노와 베네치아로 입국하는 것이 여행 동선 상에서 효과적이다.

■ 이탈리아 지도를 보고 계획하자.

이탈리아를 방문하는 여행자들 중 유럽 여행이 처음인 여행자도 있고, 이미 경험한 여행자들도 있을 것이다. 누구라도 생소한 이탈리아를 처음 간다면 어떻게 여행해야 할지 일정 짜기가 막막할 것이다. 기대를 가지면서도 두려움도 함께 가지고 있다.

일정을 짤 때 가장 먼저 정해야 할 것은 입국할 도시를 결정하는 것이다. 이탈리아 여행이 처음인 경우에는 이탈리아 지도를 보고 도시들이 어떻게 연결되어 있는지 알아두는 것이 좋다.

일정을 직접 계획하기 위해서는 다음의 3가지를 꼭 기억 해두자.

① 지도를 보고 도시들의 위치를 파악하자.
② 도시 간 이동할 수 있는 도로가 있는지 파악하자.
③ 추천 루트를 보고 일정별로 계획된 루트에 자신이 가고 싶은 도시를 끼워 넣자.

■ 가고 싶은 도시를 지도에 형광펜으로 표시하자.

일정을 짤 때 정답은 없다. 제시된 일정이 본인에게는 무의미할 때도 많다. 자동차로 가기 쉬운 도시를 보면서 좀 더 경제적이고 효과적으로 여행할 방법을 생각해 보고, 여행 기간에 맞는 3~4개의 루트를 만들어서 가장 자신에게 맞는 루트를 정하면 된다.

① 도시들을 지도 위에 표시한다.
② 여러 가지 선으로 이어 가장 효과적인 동선을 직접 생각해본다.

■ '점'이 아니라 '선'을 따라가는 여행이라는 차이를 이해하자.

이탈리아 자동차 여행 강의나 개인적으로 질문하는 대다수가 여행일정을 어떻게 짜야할지 막막하다는 물음이었다. 해외여행을 몇 번씩 하고 여행에 자신이 있다고 생각한 여행자들이 이탈리아를 자동차로 여행하면서 자신만만하게 준비하면서 실수를 하는 경우가 많다.

예를 들어 우리가 이탈리아 여행에서 로마에 도착을 했다면 3~5일 정도 로마의 숙소에서 머무르면서 로마을 둘러보고 다음 도시로 이동을 한다. 하지만 이탈리아 자동차 여행은 대부분 도로를 따라 이동하기 때문에 자신이 이동하려는 지점을 정하여 일정을 계획해야 한다. 다시 말해 이탈리아의 각 도시를 점으로 생각하고 점을 이어서 여행 계획을 만들어야 한다면, 자동차 여행은 도시가 중요하지 않고 이동거리(km)를 계산하여 여행계획을 짜야 한다.

① 이동하는 지점마다 이동거리를 표시하고
② 여행 총 기간을 참고해 자신이 동유럽의 여행 기간이 길면 다른 관광지를 추가하거나 이동거리를 줄여서 여행한다고 생각하여 일정을 만들면 쉽게 여행계획이 만들어진다.

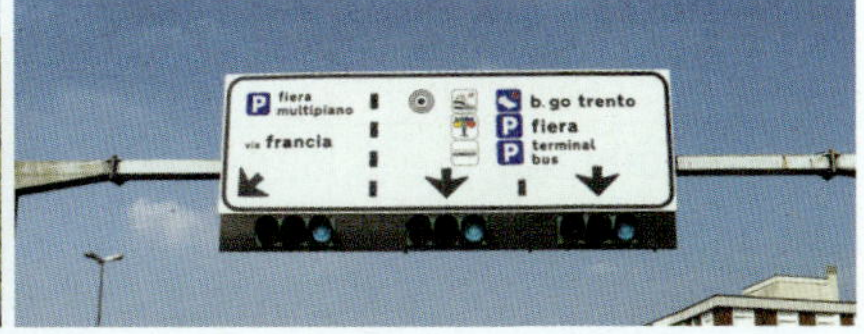

안전한 여행을 위한 주의사항

이탈리아 여행은 일반적으로 안전하다. 폭력 범죄도 드물고 종교 광신자들로부터 위협을 받는 일도 거의 없다. 하지만 최근에 테러의 등장으로 일부 도시에서 자신도 모르게 테러의 위협에 내몰리고 있기도 하다. 하지만 테러의 위협은 상당히 제한적이기 때문에 테러로 이탈리아 여행을 가는 관광객이 크게 걱정할 필요는 없다.

이탈리아 여행에서 여행자들에게 주로 닥치는 위협은 소매치기나 사기꾼들이다. 특별히 주의해야 할 것에 대해서 알아보자.

차량

1. 차량 안 좌석에는 비워두자.

자동차로 이탈리아 여행을 하면서 사고 이외에 차량 문제가 가장 많이 발생하는 것은 차량 안에 있는 가방이나 카메라, 핸드폰을 차량의 유리창을 깨고 가지고 달아나는 것이다. 경찰에 신고를 하고 도둑을 찾으려고 해도 쉬운 일이 아니기 때문에 사전에 조심하는 것이 최고의 방법이다. 되도록 차량 안에는 현금이나 가방, 카메라, 스마트폰을 두지 말고 차량 주차 후에는 트렁크에 귀중품이나 가방을 두는 것이 안전하다.

2. 안 보이도록 트렁크에 놓아야 한다.

자동차로 여행할 때 차량 안에 가방이나 카메라 등의 도둑을 유혹하는 행동을 삼가고 되도록 숙소의 체크아웃을 한 후에는 트렁크에 넣어서 안 보이도록 하는 것이 중요하다.

3. 호스텔이나 캠핑장에서는 가방보관에 주의해야 한다.

염려가 되면 가방을 라커에 넣어 놓던지 렌트카의 트렁크에 넣어놓아야 한다. 항상 여권이나 현금, 카메라, 핸드폰 등은 소지하거나 차량의 트렁크에 넣어두는 것이 좋다. 호텔이라면 여행용 가방에 넣어서 아무도 모르는 상태에 있어야 소지품을 확실히 지켜줄 수 있다.

보라는 듯이 카메라나 가방, 핸드폰을 보여주는 것은 문제를 일으키기 쉽다. 고가의 카메라나 스마트폰은 어떤 유럽국가에서도 저임금 노동자의 한 달 이상의 생활비와 맞먹는다는 것을 안다면 소매치기나 도둑이 좋아할 물건일 수밖에 없다는 것을 인식할 수 있을 것이다.

4. 모든 고가품은 잠금장치나 지퍼를 해놓는 가방이나 크로스백에 보관하자.

도시의 기차나 버스에서는 잠깐 잠이 들 수도 있으므로 가방에 몸에 부착되어 있어야 한다. 몸에서 벗어나는 일이 없도록 하자. 졸 때 누군가 자신을 지속적으로 치고 있다면 소매치기를 하기 위한 사전작업을 하고 있는 것이다. 잠깐 정류장에 서게 되면 조는 사람을 크게 치고 화를 내면서 내린다. 미안하다고 할 때 문이 닫히면 웃으면서 가는 사람을 발견할 수도 있다. 그러면 반드시 가방을 확인해야 한다.

5. 주차 시간은 넉넉하게 확보하는 것이 안전하다.

어느 도시에 도착하여 사원이나 성당 등을 들어가기 위해 주차를 한다면 주차 요금이 아깝다고 생각하기가 쉽다. 그래서 성당을 보는 시간을 줄여서 보고 나와서 이동한다고 생각할 때는 주차요금보다 벌금이 매우 비싸다는 생각을 해야 한다. 주차요금 조금 아끼겠다고 했다가 주차시간이 지나 자동차로 이동했을 때 자동차 바퀴에 자물쇠가 채워져 있는 경우도 상당하다.

주의

특히 남부 이탈리아를 여행할 때 주의를 해야 한다. 로마를 중심으로 위로 올라가는 토스카나와 북부 이탈리아는 안전한 편이지만 남부 이탈리아는 다르다. 경찰들이 관광객이 주차를 하면 시간을 확인했다가 주차 시간이 끝나기 전에 대기를 하고 있다가 주차 시간이 종료되면 딱지를 끊거나 심지어는 자동차 바퀴에 자물쇠를 채우는 경우는 빈번하다.

도시 여행 중

1. 여행 중에 백팩(Backpack)보다는 작은 크로스백을 활용하자.

작은 크로스백은 카메라, 스마트폰 등을 가지고 다니기에 유용하다. 소매치기들은 가방을 주로 노리는데 능숙한 소매치기는 단 몇 초 만에 가방을 열고 안에 있는 귀중품을 꺼내가기도 한다. 지퍼가 있는 크로스백이 쉽게 안에 손을 넣을 수 없기 때문에 좋다. 크로스백은 어깨에 사선으로 메고 다니기 때문에 자신의 시선 안에 있어서 전문 소매치기라도 털기가 쉽지 않다. 백팩은 시선이 분산되는 장소에서 가방 안으로 손을 넣어 물건을 집어갈 수 있다. 혼잡한 곳에서는 백팩을 앞으로 안고 눈을 떼지 말아야 한다.

전대를 차고 다니면 좋겠지만 매일같이 전대를 차고 다니는 것은 고역이다. 항상 가방에 주의를 기울이면 도둑을 방지할 수 있다. 가방은 항상 자신의 손에서 벗어나는 일은 주의하는 것이 가방을 잃어버리지 않는 방법이다. 크로스백을 어깨에 메고 있으면 현금이나 귀중품은 안전하게 보호할 수 있다. 백 팩은 등 뒤에 있기 때문에 크로스백보다는 안전하지 않다.

2. 하루의 경비만 현금으로 다니고 다니자.

대부분의 여행자들은 집에서 많은 현금을 들고 다니지 않지만 여행을 가서는 상황이 달라진다. 아무리 많은 현금을 가지고 다녀도 전체 경비의 10~15% 이상은 가지고 다니지 말자. 나머지는 여행용가방에 넣어서 트렁크에 넣어나 숙소에 놓아두는 것이 가장 좋다.

3. 자신의 은행계좌에 연결해 꺼내 쓸 수 있는 체크카드나 현금카드를 따로 가지고 다니자.

현금은 언제나 없어지거나 소매치기를 당할 수 있다. 그래서 현금을 쓰고 싶지 않지만 신

용카드도 도난의 대상이 된다. 신용카드는 도난당하면 더 많은 문제를 발생시킬 수 있으므로 통장의 현금이 있는 것만 문제가 발생하는 신용카드 기능이 있는 체크카드나 현금카드를 2개 이상 소지하는 것이 좋다.

4. 여권은 인터넷에 따로 저장해두고 여권용 사진은 보관해두자.

여권 앞의 사진이 나온 면은 복사해두면 좋겠지만 복사물도 없어질 수 있다. 클라우드나 인터넷 사이트에 여권의 앞면을 따로 저장해 두면 여권을 잃어버렸을 때 프린트를 해서 한국으로 돌아올 때 사용할 단수용 여권을 발급받을 때 사용할 수 있다. 여권용 사진은 사용하기 위해 3~4장을 따로 2곳 정도에 나누어 가지고 있는 것이 좋다. 예전에 여행용 가방을 잃어버리면서 여권과 여권용 사진을 잃어버린 것을 보았는데 부부가 각자의 여행용 가방에 동시에 2곳에 보관하여 쉽게 해결할 경우를 보았다.

5. 스마트폰은 고리로 연결해 손에 끼워 다니자.

스마트폰을 들고 다니면서 사진도 찍고 SNS로 실시간으로 한국과 연결할 수 있는 귀중한 도구이지만 스마트폰은 도난이나 소매치기의 표적이 된다. 걸어가면서 손에 있는 스마트폰을 가지고 도망하는 경우도 발생하기 때문에 스마트폰은 고리로 연결해 손에 끼워서 다니는 것이 좋다. 가장 좋은 방법은 크로스백 같은 작은 가방에 넣어두는 경우지만 워낙에 스마트폰의 사용빈도가 높아 가방에만 둘 수는 없다.

6. 여행용 가방 도난

여행용 가방처럼 커다란 가방이 도난당하는 것은 호텔이나 아파트가 아니다. 저렴한 YHA 에서 가방을 두고 나오는 경우와 당일로 다른 도시로 이동하는 경우이다. 자동차로 여행을 하면 좋은 점이 여행용 가방의 도난이 거의 없다는 사실이다. 하지만 공항에서 인수하거나 반납하는 경우가 아니면 여행용 가방의 도난은 발생할 수 있다는 사실을 인지해야 한다. 호텔에서도 체크아웃을 하고 도시를 여행할 때 호텔 안에 가방을 두었을 때 여행용 가방 을 잃어버리지 않으려면 자전거 체인으로 기둥에 묶어두는 것이 가장 좋고 YHA에서는 개 인 라커에 짐을 넣어두는 것이 좋다.

7. 날치기에 주의하자.

이탈리아 여행에서 가장 기분이 나쁘게 잃어버리는 것이 날치기이다. 내가 모르는 사이에 잃어버리면 자신에게 위해를 가하지 않고 잃어버려서 그나마 나은 경우이다. 날치기는 황 당함과 함께 걱정이 되기 시작한다. 길에서의 날치기는 오토바이나 스쿠터를 타고 다니다 가 순식간에 끈을 낚아채 도망가는 것이다. 그래서 크로스백을 어깨에 사선으로 두르면 낚 아채기가 힘들어진다. 카메라나 핸드폰이 날치기의 주요 범죄 대상이다. 길에 있는 노천카 페의 테이블에 카메라나 스마트폰, 가방을 두면 날치기는 가장 쉬운 범죄의 대상이 된다. 그래서 손에 끈을 끼워두거나 안 보이도록 하는 것이 가장 중요하다.

8. 지나친 호의를 보이는 현지인

이탈리아 여행에서 지나친 호의를 보이면서 다가오는 현지인을 조심해야 한다. 오랜 시간 여행을 하면서 주의력은 떨어지고 친절한 현지인 때문에 여행의 단맛에 취해 있을 때 사건이 발생한다. 영어를 유창하게 잘하는 친절한 사람이 매우 호의적으로 도움을 준다고 다가온다. 그 호의는 거짓으로 호의를 사서 주의력을 떨어뜨리려고 하는 것이다. 화장실에 갈 때 친절하게 가방을 지켜주겠다고 한다면 믿고 가지고 왔을 때 가방과 함께 아무도 없는 경우가 발생한다. 피곤하고 무거운 가방이나 카메라 등이 들기 귀찮아지면 사건이 생기는 경우가 많다.

9. 경찰 사칭 사기

이탈리아를 여행하다 보면 신분증 좀 보여주세요? 라면서 경찰복장을 입은 남자가 앞에 있다면 당황하게 된다. 특수경찰이라면 사복을 입은 경찰이라는 사람을 보게 되기도 한다. 뭐라고 하건 간에 제복을 입지 않았다면 당연히 의심해야 하며 경찰복을 입고 있다면 이유가 무엇이냐고 물어봐야 한다. 환전을 할 거냐고 물어보고 답하는 순간에 경찰이 암환전상을 체포하겠다고 덮친다. 그 이후 당신에게 여권을 요구하거나 위조지폐일 수도 있으니 돈을 보자고 요구한다. 이때 현금이나 지갑을 낚아채서 달아나는 경우가 발생한다.

말할 필요도 없이 여권을 보여주거나 현금을 보여주어서는 안 된다. 만약 경찰 신분증을 보자고 해도 슬쩍 보여준다면 가까운 경찰서에 가자고 요구하여 경찰서에서 해결하려고 해야 한다.

이탈리아 자동차 여행 잘하는 방법

1. 이탈리아 지도를 놓고 여행코스와 여행 기간을 결정한다.

이탈리아를 여행한다면 어느 나라를 어느 정도의 기간 동안 여행할지 먼저 결정해야 한다.
사전에 결정도 하지 않고 렌터카를 예약할 수는 없다. 그러므로 사전에 미리 이탈리아 지
도를 보면서 여행코스와 기간을 결정하고 나서 항공권부터 예약을 시작하면 된다.

2. 기간이 정해지면 IN / OUT 도시를 결정하고 항공권을 예약한다.

기간이 정해지고 어느 도시로 입국을 할지 결정
하고 나서 항공권을 찾아야 한다. 대부분의 여
행자는 로마, 밀라노, 베네치아에서 들어오고
나가는 항공권을 구입하게 된다. 항공권은 여름
여행이면 3월 초부터 말까지 구입하는 것이 가
장 저렴하다.

겨울이라면 9월 초부터 말까지가 가장 저렴하
다. 또한 60일 전에는 항공기 티켓을 구입하는
것이 항공기 비용을 줄이는 방법이다. 아무리 렌
터카 비용을 줄인다 해도 항공기 비용이 비싸다
면 여행경비를 줄일 수 있는 방법은 없게 된다.

3. 항공권을 결정하면 렌터카를 예약해야 한다.

렌터카를 예약할 때 글로벌 렌터카 회사로 예약을 할지 로컬 렌터카 회사로 예약을 할지 결정해야 한다. 안전하고 편리함을 원한다면 당연히 글로벌 렌터카 회사로 결정해야 하지만 짧은 기간에 1개 나라 정도만 렌터카를 한다면 로컬 렌터카 회사도 많이 이용한다. 특히 이탈리아는 도시를 이동하는 기차가 시간이 정확하지 않고 버스가 발달하지 않은 나라라서 렌터카로 여행하는 것이 더 효율적일 경우가 많다.

4. 유로는 사전에 소액은 준비해야 한다.

공항에서 시내로 이동하려고 할 때 렌터카로 이동하면 상관없지만 도시를 이동한다면 고속도로를 이용할 수 있다. 고속도로를 이용한다면 통행료나 휴게소 이용할 때 현금을 이용해야 할 때가 있으니 사전에 미리 준비해 놓자.

공항에 도착 후

1. 심(Sim)카드를 가장 먼저 구입해야 한다.

공항에서 차량을 픽업해도 자동차 여행에서 가장 중요한 것은 스마트폰이다. 스마트폰은 네비게이션 역할도 하지만 응급 상황에서 다양하게 통화를 해야 할 수도 있다. 그래서 차량을 픽업하기 전에 미리 심^{Sim}카드를 구입하고 확인한 다음 차량을 픽업하는 것이 순서이다.

심(Sim)카드

이탈리아뿐만 아니라 유럽 전체에 나라에 상관없이 이용할 수 있는 심(Sim)카드는 보다폰(Vodafone)이 가장 널리 이용되고 있다. 2인 이상이 같이 여행을 한다면 2명 모두 심카드를 이용해 같이 구글 맵을 이용하는 것이 전파가 안 잡히는 지역에서 문제해결에 도움을 받을 수 있다.

2. 공항에서 자동차의 픽업까지가 1차 관문이다.

최근에 자동차 여행자가 늘어나면서 각 공항에서는 렌터카 업체들이 공동으로 모여 있는 장소가 있다. 이탈리아의 로마는 모두 자동차 여행을 위해 공동의 장소에서 렌터카 서비스를 원스톱 서비스를 지원하고 있다. 그러므로 어디로 이동할지 확인하고 사전에 예약한 서류와 신용카드,

여권, 국제 운전면허증, 국내 운전면허증을 확인해야 한다.
로마 공항 왼쪽으로 이동하면 기차를 타는 곳이 있다. 이동하면 렌터카를 한 번에 같이 이용할 수 있는 서비스를 제공하고 있다.

3. 보험은 철저히 확인한다.

이탈리아의 수도인 로마에서 렌터카를 픽업해서 유럽을 여행한다면 사전에 어디를 얼마의 기간 동안 여행할지 직원은 질문을 하게 된다. 이때 정확하게 알려준다면 직원이 사전에 사고 시에 안전하게 도움을 받을 수 있는 보험을 제안하게 된다. 그렇게 되면 사고가 나더라도 보험으로 커버를 하게 되므로 큰 문제가 발생하지 않는다. 하지만 대부분의 여행자는 이탈리아만을 여행하는 경우가 많다. 이탈리아만 여행해도 1달이 넘도록 시간이 필요할 수도 있다.

4. 차량을 픽업하게 되면 직원과 같이 차량을 꼼꼼하게 확인한다.

차량을 받게 되면 직원이 차량의 상태를 잘 알려주고 확인을 하지만 간혹 바쁘거나 그냥 건너뛰려는 경우가 있다. 그럴 때는 직접 사전에 꼼꼼하게 확인을 하고 픽업하는 것이 좋다. 또한 이탈리아 공항에서는 4층으로 가서 혼자서 차량을 받을 때도 있다. 그렇다면 처음 차량을 받아서 동영상이나 사진으로 차량의 전체를 찍어 놓고 의심이 가는 곳은 정확하게 찍어서 반납 시에 활용하는 것이 좋다.

5. 공항에서 첫날 숙소까지 정보를 갖고 출발하자.

차량을 인도받아서 숙소로 이동할 때 사전에 위치를 확인하고 출발해야 한다. 구글 지도나 네비게이션이 있다면 네비게이션에서 위치를 확인하자. 도로를 확인하고 출발하면서 긴장하지 말고 천천히 이동하는 것이 좋다. 급하게 긴장을 하다보면 사고로 이어질 수 있으니 조심하자. 또한 도시로 진입하는 시간이 출, 퇴근 시간이라면 그 시간에는 쉬었다가 차량이 많지 않은 시간에 이동하는 것이 첫날 운전이 수월하다.

1. '관광지 한 곳만 더 보자는 생각'은 금물

유럽여행은 쉽게 갈 수 있는 해외여행지가 아니다. 그래서 한번 오는 이탈리아 여행이라고 너무 많은 여행지를 보려고 하면 피로가 쌓이고 사고로 이어질 수 있으므로 잠은 충분히 자고 안전하게 이동하는 것이 중요하다. 또한 운전 중에도 졸리면 쉬었다가 이동하도록 해야 한다.

쉬운 말처럼 들릴 수 있지만 의외로 운전 중에 쉬지 않고 이동하는 운전자가 상당히 많다. 피로가 쌓이고 이동만 많이 하는 여행은 만족스럽지 않다. 자신에게 주어진 휴가기간 만큼 행복한 여행이 되도록 여유롭게 여행하는 것이 좋다. 서둘러 보다가 지갑도 잃어버리고 여권도 잃어버리기 쉽다. 허둥지둥 다닌다고 한 번에 다 볼 수 있지도 않으니 한 곳을 덜 보겠다는 심정으로 여행한다면 오히려 더 여유롭게 여행을 하고 만족도도 더 높을 것이다.

1. '관광지 한 곳만 더 보자는 생각'은 금물

2. 아는 만큼 보이고 준비한 만큼 만족도가 높다.

이탈리아의 많은 나라와 도시의 관광지는 역사와 관련이 있다. 그런데 아무런 정보 없이 본다면 재미도 없고 본 관광지는 아무 의미 없는 장소가 되기 쉽다. 사전에 이탈리아에 대한 정보는 습득하고 여행을 떠나는 것이 준비도 하게 되고 아는 만큼 만족도가 높은 여행이 될 것이다.

3. 감정에 대해 관대해져야 한다.

자동차 여행은 주차나 운전 중에 스트레스를 받을 수 있다. 난데없이 차량이 끼어들기를 한다든지, 길을 몰라서 이동 중에 한참을 헤매다 보면 자신이 당혹감을 받을 수 있다. 그럴 때마다 감정통제가 안 되어 화를 계속 내고 있으면 자동차 여행이 고생이 되는 여행이 된다. 그러므로 따질 것은 따지되 소리를 지르면서 따지지 말고 정확하게 설명을 하면 될 것이다.

이탈리아 고속도로

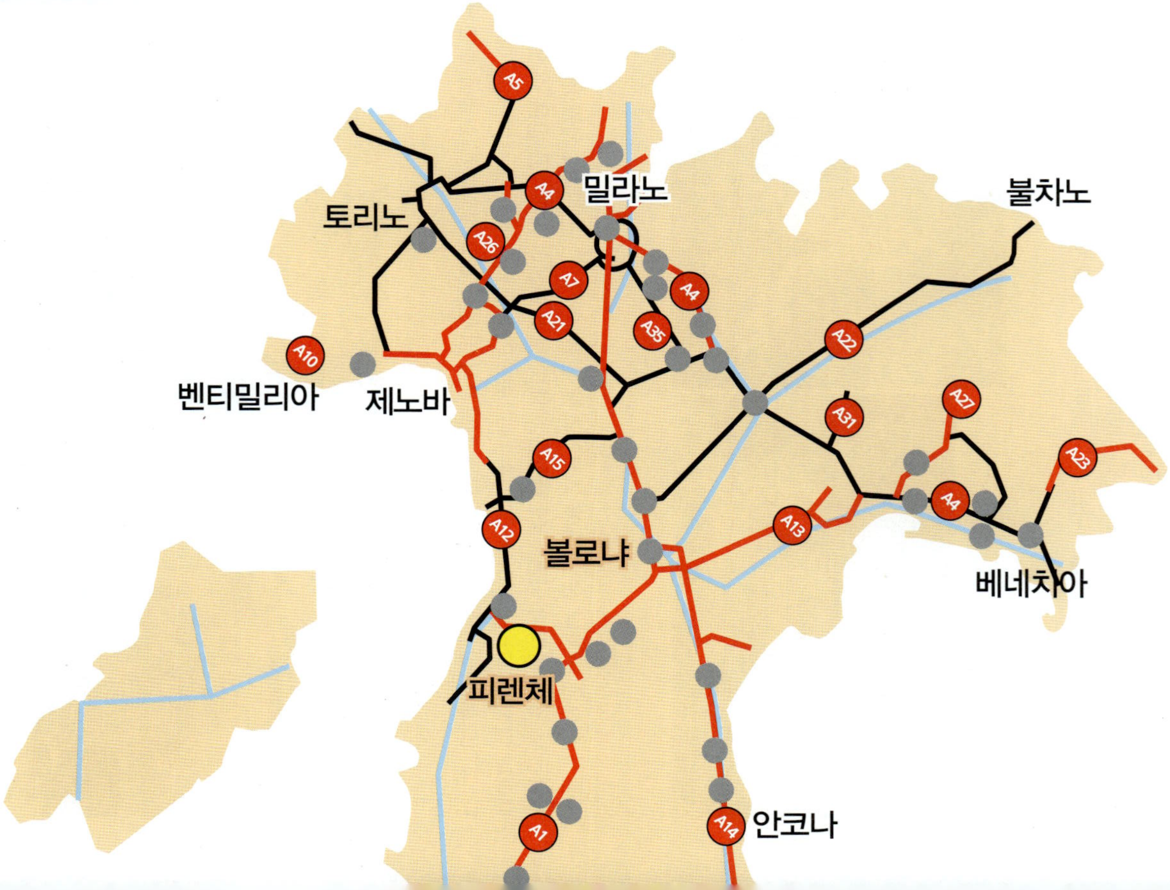

토리노
밀라노
불차노
벤티밀리아
제노바
볼로냐
베네치아
피렌체
안코나
A1
A4
A4
A4
A5
A7
A10
A12
A13
A14
A15
A21
A22
A23
A26
A27
A31
A35

바리
나폴리
A14
A16
A25
A1
A3
A3

이탈리아 자동차 운전 방법

추월은 1차선, 주행은 반드시 2, 3차선(기본적인 운전 방법)

유럽에서 운전을 하는 기본적인 방법은 동일하다. 우측차선에서 주행하는 기본적인 방법이 EU 국가들에서는 법으로 규제하고 있다. 1차선은 추월하는 차선이며, 주행은 반드시 2, 3차선으로만 한다. 1차선에서 일정 구간 이상 주행을 하면 위법이 된다고 하는 데, 실제로 1차선에서 운전하기가 힘들다. 왜냐하면 뒤에서 나타난 차에서 계속 비켜달라고 소리를 내거나 점화등 으로 표시를 하기 때문에 차선을 옮겨줘야 한다.

특히 이탈리아는 운전을 험하게 하는 편이 아니기 때문에 큰 문제는 없을 것이다. 체코나 독일은 속도를 즐기는 운전자들이 상당히 많다. 그러므로 추월을 한다면 후방 1차선에 고속으로 주행하고 있는 자동차가 없는지 꼭 확인해야 한다. 고속도로에서 110㎞/h이지만 150㎞/h 이상 주행하는 차들도 많다.

운전 예절

유럽의 고속도로는 편도 2차선(왕복 4차선) 고속도로가 많다. 이때 2차선으로 주행하고 있는데 우측 진입로로 차량이 들어오는 것이 보았다면 추월하는 1차선으로 미리 들어가 진입 차량의 공간을 확보해주는 것도 볼 수 있다.

추월하는 1차선에서 고속으로 주행하고 있는데, 속도가 느린 차량이나 트럭이 추월중이여서 길이 막힐 때, 알아서 비켜줄 때까지 기다려야 한다. 그래도 안 비켜준다면 왼쪽 깜빡이를 켜주어 운전자에게 알려주는 것이 좋다. 안 비켜준다면 그 다음 방법으로 상향등을 켜면 된다.

국도의 자전거를 조심해야 한다.

고속도로는 아니지만 국도에서 운전을 하면 주말에 특히 자전거를 타는 사람들을 많이 보게 된다. 자전거 전용도로가 있는 것이 아니기 때문에 좁은 도로에서는 조심히 자전거를 타는 사람들을 보호해야 한다.
실제로 운전을 하면서 자전거를 상당히 귀찮은 존재로 생각하는 대한민국의 운전자를 보고 상당히 놀란 기억이 있다. 자전거는 도로 위에서 탈 수 있기 때문에 나의 운전을 방해하는 사람들이 아니다. 그들은 보호받을 권리가 있다.

이탈리아의 제한속도

대부분 유럽 연합 국가들처럼 이탈리아도 제한속도나 표지판의 표시도 동일하다.

① 고속도로 제한속도는 110~130㎞/h이다.
② 국도는 90~100㎞/h이고 도시나 마을에 진입하면 50㎞/h이하로 떨어진다.
해당 국가의 제한속도는 국경을 지나면 커다란 안내판으로 표시를 하고 있다. 왜냐하면 솅겐 조약 국가들끼리는 국경선이 없고 아무 제한 없이 이동이 가능하기 때문에 반드시 표지판을 살펴보는 습관이 필요하다.

전조등

나라별로 전조등 사용 기준이 다르다. 서머타임 기간으로 구분하는 나라도 있지만, 도심이나 외곽으로 구분하는 나라도 있다. 다만 운전을 끝내고 주차하면서 전조등이 켜져 있는 지 확인해야 한다. 차량의 밧데리가 방전될 수 있기 때문이다. 필자도 전조등을 켜고 급하게 내리면서 확인을 안 하고 내려서 관광을 한 수 돌아왔다가 밧데리 방전으로 고생을 한 기억이 있다.

① 운전을 한다면 전조등 사용에 고민할 필요가 없다. 대부분의 나라들이 겨울에는 24시간 의무로 전조등을 켜고 다니며, 고속도로에서도 의무적으로 켜야 하는 나라들이 대부분이다.
② 일반 국도나 시내에서 전조등을 켜고 다니는 것이 편리하다. 다만 렌터카를 주차하고 나면 전조등을 껐는 지 확인하는 습관이 필요하다.

제한속도 이상으로 주행하는 운전자에게

고속도로의 제한 속도가 130㎞/h이므로 처음에 운전을 하면 빠르게 느껴서 그 이상의 속도로 운전하는 경우가 없지만 점차 속도에 익숙해지면 점점 주행속도가 올라가기 시작한다. 이때 조심해야 한다. 충분한 빠르다고 느끼는 제한속도이므로 과속을 한다면 감시카메라를 잘 살펴봐야 한다.

유럽 연합 고속도로 번호

각각의 고속도로는 고유 번호를 가지고 있다. 유럽 연합 국가들의 고속도로는 "E"로 시작되는 공통된 번호를 가지고 있다. 또한 기존에 사용하던 자국의 고속도로 고유 번호를 함께 사용하므로 지도나 기타 정보를 확인하여야 한다. 예를 들어 이탈리아의 코모 호수로 갈때는 'E35–A5'를 사용하고 국도로 이동하면 'A59'를 사용한다.

감시카메라

이탈리아는 다른 유럽 연합 국가들처럼 감시카메라의 수가 많지 않지만 고정형으로 설치되어 있다. 정말 아주 가끔 이동형을 볼 수 있다. 고정된 감시카메라는 몇 백 미터 전에 'Radar Control'이라는 작은 표지판이 중앙분리대에 설치되어 있다.

이동하면서 감시할 수 있는 감시카메라는 미리 확인할 수 있는 방법은 없지만 단속하는 곳은 마을에 진입하여 속도를 줄여야 하는 제한속도 변동 구간에서 단속하게 된다. 특히 주말과 공휴일은 경찰이 사전에 미리 이동형 카메라로 매복을 하고 있다가. 차량들이 많아서 빠르게 이동하고 싶은 운전자들이 많을 때를 노리게 된다. 이럴 때 경찰을 욕하면서 딱지를 떼이지만 운전자 본인이 잘못했다는 사실을 알아야 한다. 제한 속도만으로 운전을 해도 충분히 빠르게 이동이 가능하다는 사실을 인지하자. 또한 이동형 감시카메라가 수시로 준비할 수 있다.

휴게소

이탈리아의 주유소는 편의점과 함께 운영되는 곳이 많다. 그래서 작은 주유소와 편의점이 휴게소가 된다. 고속도로의 휴게소 중에 대한민국처럼 크고 시설이 좋은 곳들도 꽤 볼 수 있다. 작은 도시라면 중간에 주차구역과 화장실이 있는 작은 간이 휴게소들을 볼 수 있을 것이다.

주차

운전을 하다보면 다양한 상황에 놓일 가능성이 있다. 주차요금을 아끼겠다고 불법주차를 하는 경우는 절대 삼가야 한다. 주차요금보다 벌금은 상당히 많고 차량의 바퀴에 자물쇠가 채워지면 더욱 상황이 복잡하다. 기다리고 경찰과 이야기를 하고 벌금을 낸 후에야 자물쇠를 풀어준다.

또한 갓길에 주차를 하게 되는 상황이라면 반드시 비상등을 켜고 후방 50m 지점에 삼각대를 설치하고, 야광 조끼를 착용해야 한다. 휴게소에서 주차는 차량이 많지 않기 때문에 주차에 문제가 발생할 상황은 없다.

유럽의 통행료

이탈리아에서 자동차여행을 하면, 국가별로 고속도로 통행료를 내는 방식이 다르다는 사실을 알게 된다. 셍겐조약으로 인해 유럽의 국가들은 국경선을 자유롭게 이동해야 하는 상황에서 각국은 다양한 통행료 징수 방법을 찾아내게 된다.

고속도로 통행료 징수 방법

대한민국과 같은 구간별로 톨게이트(Tollgate)를 지날 때마다 통행료를 내는 방법과 일정기간 동안 무제한으로 사용할 수 있는 기간별 방법인 비네트 구입를 통행자가 구입하는 방법이 있다.

톨게이트(Tollgate)
대부분의 유럽 국가들은 톨게이트를 운영하면서 통행료를 징수한다. 가장 쉬운 방법일 수 있지만 운전자는 시간이 지체되는 단점이 있다.
이 방법을 하고 있는 나라는 폴란드, 독일 등이다. 해외에서 톨게이트를 지나려면 사전에 동전을 미리 준비해 놓아야 한다. 또한 최근에 무인 톨게이트가 있어서 돈이나 충분한 동전이 없을 경우 유인톨게이트 차선을 찾아 들어가야 한다.

PARK
Fontechiesa

알고 있어야 할
이탈리아
자동차여행

이탈리아 북부는 도로 운전과 산악 운전이 공존하기 지역이다. 이탈리아 북부 지방은 공업 도시들이 많고 이탈리아 경제의 젓줄이기 때문에 고속도로가 촘촘하고 도로도 넓어서 운전하기가 힘들지 않다. 이에 반해 이탈리아 알프스는 산악 운전이기 때문에 일반적인 고속 도로 운전보다는 힘들 수 있다.

미리 알아야 할 지식

제한 속도

▶ 마을 50km/h, 마을 외곽 도로: 90km/h, 자동차 도로: 110 km/h

운전을 하면서 마을에 진입하면 기본적으로 50km/h 이하로 속도를 줄이고 천천히 이동해야 한다. 대한민국의 운전자들은 마을에 진입하더라도 속도를 줄이지 않는 경향이 있어, 단속 카메라에 잡히는 경우가 많다.

▶ 고속 도로 130 km/h (돌로미티 Brennero—Bolzano 구간은 110 km/h)

이탈리아 북부는 고속도로가 상당히 촘촘하게 이어져 있다. 제한 속도도 대한민국의 고속 도로 제한 속도보다 빠른 130 km/h이다. 빠르게 운전을 해도 웬만하면 속도를 위반할 운전 상황은 거의 없다.

주차선 색상의 차이점

주차를 할 때 유럽의 어느 나라를 가나 주차선 색상으로 알려주는 의미가 비슷하다. 이탈리아는 도심에서는 주차선 색상을 확인해야 하지만 대부분 하얀색에 주차를 하면 문제가 없다. 다만 파란색은 유료라는 사실을 안다면 파란색에 주차를 하고 주차비용 지급기를 찾아 비용을 지불한다면 큰 문제는 없다.

❶ 흰색은 무료 주차, 주차료 징수기가 있는 경우에는 유료.
❷ 파란색은 유료 주차
❸ 노란색은 허가 받은 차량만 주차 가능.

ZTL 단어의 의미를 기억하자.

이탈리아 북부에서 운전을 해야 한다면 차량 출입 제한 구역인 ZTL(Zona Traffico Limitato) 대해서 알고 있는 것이 편리하다. 이탈리아는 문화재를 보존하기 위해 밀라노, 베네치아 등의 대도시는 물론 작은 마을에 이르기까지 도시 중심지는 ZTL구역으로 차량 운전이 제한된다고 생각해야 한다.

이탈리아 중부의 작은 도시들은 중세 도시형태라 도시 안으로 차량을 운전하지 않고 입구에서 주차장에 주차를 하고 이동을 하면 되기 때문에 ZTL 개념이 없어도 문제가 없다. 반대로 개방적인 현대적인 도시형태인 이탈리아 북부는 자동차로 도시에 진입하면 주차장을 찾아 주차를 하고 여행을 하여 차량 출입 제한 구역ZTL에서 벌금을 받지 않는 방법으로 여행을 해야 한다.

차량 출입 제한 구역인 ZTL(Zona Traffico Limitato)

역사 유적지가 많은 이탈리아의 도시들은 차량의 혼잡을 피하기 위해 도로를 확장할 수 있는 방법이 없다. 도시 중심의 교통 혼잡과 공기 오염 방지를 위해 시내 중심에는 차량 출입 제한 구역ZTL을 설정해 놓고 차량 출입 제한 구역ZTL을 위반할 경우 상당히 높은 벌금을 부과하는 방법으로 도시로의 차량 출입을 최소화하는 정책을 취하고 있다.

ZTL 벌금은 구역을 위반한 운전자에게 자동으로 발부된다. 현지 주민이 50%, 관광객이 50% ZTL 구역 위반이라는 통계가 있다. 차량으로 자동차여행을 하더라도 너무 편리함만 따지지 말고, 도시에 도착하면 주차를 하고 도시 여행을 해야 한다는 뜻이라고 생각하자.

이탈리아 북부
&
알프스 자동차여행

이탈리아 알프스, 돌로미티Dolomiti

이탈리아 알프스를 여행할 때 볼차노Bolzano, 오르티세이Ortisei, 코르티나 담페쵸Cortina d'Ampezzo
의 도시들은 당연히 차량 출입 제한 구역 ZTL이 있다. 그렇지만 도시 외곽에 주차를 하고
여행을 해도 작은 도시이기 때문에 버스를 타고 도시 중심으로 이동할 필요는 없다. 그 정
도로 작기 때문에 오히려 천천히 도시를 여행하기에 좋을 것이다.

트레치메 디 라바레도를 보기 위해 코르티나 담페쵸Cortina d'Ampezzo에 하루 정도는 머물 수
있다. 그렇다 해도 중심부로 이동하면 주차장에 주차를 하고 여행을 해도 작은 마을이므로
걸어가도 힘들지 않다. 오스트리아 & 헝가리 제국 때 만든 옛 도로에 호텔, 상점, 펍 등이
오래된 건물에 있다. 마을 중심에는 차량 진입 자체가 제한되므로 주차만 잘 한다면 차량
출입 제한구역 ZTL을 위반할 가능성이 거의 없다. 이런 점에서 이탈리아 알프스에서는 차
량 출입 제한구역 ZTL에 대해 신경을 쓰지 않아도 될 것이다.

이탈리아 알프스 운전

나는 이탈리아 알프스는 '강원도 고갯길을 운전하는 것과 같다'라고 말한다. 산악 지형이기 때문에 급커브가 많고 도로가 좁아 운전하기가 쉽지 않다. 그렇다고 운전이 완전히 난코스는 아니다. 다만 산악지형 중에서도 2,000m가 넘는 고지대에서는 절대 속도를 높이면 안 된다. 이탈리아 알프스를 여행하다 보면 길 이름에 '파소Passo'가 붙어 있는 길을 운전하게 된다. 산길, 고갯길이라는 뜻이다. 위의 '파소Passo'단어를 본다면 운전은 힘들 수 있지만 풍경은 매우 아름답다고 생각해도 될 정도로 장엄한 풍경을 마주하게 된다.

코로나 전에만 하더라도 유럽, 특히 스위스나 이탈리아 알프스 같은 장소는 운전을 하지 말라고 자제하는 사람들이 있었다. 그런데 유럽에서의 자동차여행이 활성화되면서 안전하게 자동차여행을 하도록 사전에 정보를 얻고 출발하는 경우도 더 많아졌다. 다만 여행 일정에 여유가 없는 경우에는 자동차여행을 자제하고 투어나 대중교통을 이용하고 여유가 있다면 자동차여행을 하면서 이동의 자유를 얻으면서 이탈리아 알프스를 여행하라고 권한다.

여름에 이탈리아 알프스에서 코르티나 담페쵸Cortina d'Ampezzo와 트레치메 데 라바레도만을 여행한다면 버스를 타고도 여행이 가능하다. 그러나 막상 가보면 이동이 불편해 더 많은 아름다운 풍경을 놓친다는 것이 안타깝다는 것을 알게 될 것이다.

대한민국에서 자동차 운전을 할 때, 수동(매뉴얼)으로 운전하는 사람은 거의 없다. 해외에서도 그것도 이탈리아 알프스에서 자동(오토매틱)으로 운전하는 것이 더욱 편리하다. 왼쪽 다리로 클러치를 밟고 속도를 단계별로 올리는 것이 도시에서는 조금 불편할 수 있지만 이탈리아 알프스처럼 엄청난 높이의 구불구불한 길을 올라갔다 내려갔다 하면서 고갯길을 운전할 때는 더욱 피로하게 만든다. 다만 렌터카를 사이즈, 차종과는 상관없이 예약해도 된다.

이탈리아 알프스 운전의 특징

① 왕복 2차선에 중앙선도 없는 고갯길이 대부분이다. 익숙하지 않은 나라에서 수동으로 운전하는 것은 마음속으로 운전하기 싫다고 판단할 수 있으니 미리 자동으로 렌터카를 예약하는 것이 좋을 것이다.

② 이탈리아 알프스는 비포장도로가 없어서 대한민국의 강원도 같은 고갯길이라도 생각해도 무방하다. 렌터카를 할 때 4륜 구동이나 자동차 사이즈는 여행 인원, 짐에 따라 결정하면 된다. 이탈리아 알프스에서는 4륜 구동이 많지 않고 소형차로도 충분히 운전할 수 있다.

③ 오르티세이를 지나면 대부분 굽이굽이 고갯길이 대부분이다. 따라서 운전 시간이 오래 걸릴 수 있다. 언제까지 어디로 이동해 볼거리를 보겠다는 생각은 금물이다.

④ 돌로미티의 도로는 전부 왕복 2차선인데 앞에 버스나 천천히 운전한다면 무리하게 추월하려고 하지 말자. 차라리 멈춰서 아름다운 풍경을 보며 사진을 찍고 간다고 생각하면 좋다.

Northern Italy

이탈리아 북부

Venezia | 베네치아
Bolzano | 볼차노
Dolomiti | 돌로미티
Milano | 밀라노
Cinque Terre | 친퀘테레
Verona | 베로나
Como | 코모

Venezia

베네치아

베네치아

VENEZIA

이탈리아 북동쪽에 자리한 베네치아는 자갈길과 둥근 아치형의 다리가 많은 보행자 중심의 도시이다. 베네치아에서는 지도는 가방에 넣어두고 느낌대로, 발길 닿는 대로 돌아다니기 좋은 도시이다.
운하를 떠다니는 곤돌라에 앉아 있으면 물결이 곤돌라에 부딪치며 찰랑대는 소리가 들리고, 신선한 이탈리아 음식의 맛있는 냄새가 여행자를 유혹한다. 레스토랑 테라스에 앉아 와인을 음미하면서 따뜻한 햇볕을 즐기는 것도 좋다. 성 마르코 광장을 산책하다 보면 거리 음악사들이 연인들에게 세레나데를 불러주는 모습이 낭만적이다.

베네치아 입구에는 인공 섬으로 만든 트론체토 주차장(Tronchetto Parking), 로마 광장(Piazzale Roma)의 오토리메사 코무날레(Autorimrsa Comunale) 대형 주차장이 있다. 이곳에 주챠를 하고 베네치아 여행은 걸어서 해야 한다. 시내에는 차량 자체가 금지되어 있다.

베네치아의 매력 포인트

곤돌라

곤돌라, 세레나데를 부르는 사람, 아름다운 궁전과 교회 등이 있는 수상 도시는 낭만적인 분위기로 따라올 도시는 없을 것이다. 언제나 변함없는 베네치아의 매력으로 여행자들은 항상 북적인다.

베네치아의 상징

베네치아는 겨울에도 많은 관광객이 찾는 도시이다. 여름에는 태양이 뜨겁고 관광객은 도시 전체를 휩싸고 있어서 봄과 가을에 관광하기에 가장 좋은 계절이다. 웅장한 성 마르코 광장에서 대부분 베네치아 여행을 시작한다.

베네치아에서 가장 아름다운 건물인 성 마르코 대성당과 도제의 궁전이 광장 동쪽 끝에 나란히 서 있다. 대성당은 정교한 금빛 모자이크와 반구형 지붕 등 베네치아의 비잔틴 양식이 잘 반영되어 있고, 궁전은 부와 권력을 뽐내듯 인상적이다.

운하 도시

S자 모양의 대운하는 베네치아 곳곳을 지나가기 때문에, 곤돌라와 수상 버스인 바포레토를 구경하는 것만으로도 시간이 금방 갈 정도로 재미있고 낭만도 즐길 수 있다.
곤돌라와 바포레토는 고딕풍의 궁전 카 도로와 산타 마리아 델라 살루테 성당을 지나 리알토 다리 아래를 지나간다.

휴양지 무라노 섬

무라노 섬은 유리 공예, 부라노 섬은 수공예 레이스로 유명하고 해변도 아름다워 시내에서 잠시 벗어나 평화로운 당일 여행을 다녀오기에 안성맞춤이다.

베네치아 마르코 폴로 공항
부라노 섬
무라노 섬
산테라스모 섬
베네치아
쥬데카 섬
리도 섬

베네치아 운하에서 꼭 봐야할 명소들

베네치아 여행은 운하를 따라 있는 다양한 건축물을 보는 것이 여행의 핵심 포인트이다. 그래서 운하를 따라 걸어서 여행하면서 꼭 봐야 하는 명소들을 알고 여행하는 것이 좋다.

성녀인 테레사가 설립한 성당으로 규율을 강조하고 사상을 강조하여 르네상스 이후 에 발전한 교회이다.

산타 마리아 디 나자렛 성당
Chiesa di Santa Maria de Nazareth

산타 제레미아 에 루치아 성당
Chiesa di San Geremia e Lucia

투르크 상인 건물
Fondaca dei Turchi

스칼치 다리
Ponte degli Scalzi

산 시메오네 피를로 성당
Chiesa di San Simeone Piccola

베네치아에서 가장 유명한 다 리는 리알토 다리이지만 가장 먼저 보이는 다리는 스칼치 다 리로 가끔 리알토 다리와 혼동 하는 경우도 있다.

베네치아에 들어오면 가장 먼저 보이는 성당으로 로 마의 판테온을 본 따 돔으로 만든 것이 특징이다.

14~18세기의 베네치아 화가들 의 작품들을 전시해 놓았다.

아카데미아 박물관
Galleria dell'Accademia

13세기에 지어졌지만 17세 기에 오스만 투르크 상인 들의 건물로 사용되면서 유명해졌다.

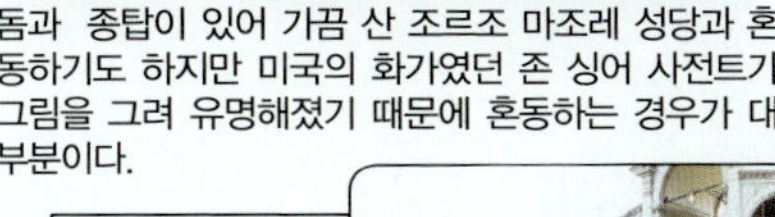

돔과 종탑이 있어 가끔 산 조르조 마조레 성당과 혼동하기도 하지만 미국의 화가였던 존 싱어 사전트가 그림을 그려 유명해졌기 때문에 혼동하는 경우가 대부분이다.

페사로
Pesaro

● 카 도로
Ca d'Oro

12세기에 나무로 만들어진 다리였지만 16세기에 운하의 운송을 위해 1588년에 대리석으로 재건된 다리는 현재 베네치아에서 가장 유명한 다리이다.

● 리알토 다리
Ponte di Rialto

15세기에 지어진 황금의 집이라는 뜻의 건물은 황금으로 장식해 화려한 건축물로 알려졌지만 현재는 소박한 외관을 보이고 있다.

성당 전면을 보면 바로크 양식의 건물의 특징을 알 수 있는 성당으로 18세기 베네치아 화가들의 작품을 전시해 갤러리로 현재 사용하고 있다.

페사로 가문이 궁전으로 지었지만 궁전의 느낌이 크지는 않다. 현재는 현대 박물관으로 사용하면서 클림트나 간딘스키의 다양한 작품을 볼 수 있다.

두칼레 궁전
Palazzo Ducale

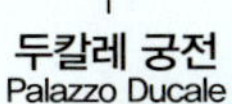

1340년, 베네치아 총독의 공식 관저로 만들어진 건물로 '도제의 궁전'이라고 부르기도 한다.

겐하임 박물관
e Peggy Guggenheim

산 조르조 마조레 성당
Chiesa di San Giorgia Maggiore

두칼레 궁전 건너편 바다에 있는 성당은 982년 베네딕트 수도사들이 정착하면서 만들어졌다.

베네치아 핵심 도보 여행

이탈리아 북부에는 밀라노와 베네치아가 위치하는데 베네치아로 야간열차를 타고 들어가는 경우가 많다. 베네치아는 섬으로서 내륙과 산타 루치아 역이 있는 섬으로 구분되어 있다. 반드시 기차를 타실 때 내리는 역의 위치가 산타 루치아역인지 확인해야 고생을 하지 않다.

오랜 배낭여행에서는 베네치아에서 잠을 자지 않고 하루 동안만 베네치아를 둘러보고 다시 야간기차로 이동하는 여행 일정이 많아 역 바깥, 오른쪽 끝에 짐 보관소가 있다. 유료인 짐 보관소는 성수기인 경우에는 보관하지 못할정도로 짐을 많이 맡기기 때문에 문을 닫는 경우도 생긴다.

일정
까도르 → 리알토 다리 → 산 마르코 광장, 두칼레 궁전 → 아카데미아 미술관

섬 안에는 운하로 만들어진 도시이기 때문에 자동차가 없고 배를 이용한 '바포레토'라는 교통수단만 있다. 까도르까지는 바포레토를 타고 이동하고 리도섬도 이용을 해야 해서 1일권을 사서 이용하는 편이 교통비를 아끼는 방법이다.

곤돌라는 리알토다리가 있는 곳에서 관광용으로 이용하는 경우가 많은데 여름에는 햇빛이 매우 강해 낮에는 곤돌라를 타지 말고 해질녁에 타면 해지는 베네치아를 볼 수 있다. 산타 루치아 역에서 수상버스를 탈 때 다시 돌아와야 하니 정류장의 이름을 알고 있어야 한다. 같은 산타 루치아가 아니고 페로비아Ferrovia이다. 그러니 돌아올때는 퍼 베로비아PER Ferrovia행을 타야 한다.

수상버스를 타고 첫 번째 정류장에서 내리면 이 곳이 까도르인데, 까도르는 외벽을 금으로 장식해 놓은 곳으로 1420년 고딕양식으로 지어진 귀족주택이다. 까도르에서 골목을 따라 나오면 빌라Billa 슈퍼와 맥도날드가 있어 물과 약간의 먹을거리를 사서 아침을 해결하면 된다. 이 근처에는 약국과 쇼핑도 할 수 있는 상점들이 꽤 있다.
아침을 해결했으면 리알토 다리쪽으로 이동하자. 지도가 있어도 골목이라 위치를 찾기가 쉽지 않기 때문에 물어가면서 리알토 다리쪽으로 이동하는게 좋다. 15분 정도면 리알토 다리가 나온다.

스칼치 다리

리알토 다리

아카데미아 다리

탄식의 다리

베네치아에서 알아야 하는 다리가 스칼치다리, 리알토 다리, 탄식의 다리, 아카데미아 다리 (위 사진참조)의 4개이다. 사진으로 다리를 확인해야 나중에 위치를 정확히 알 수가 있다.

베네치아는 지도를 보지 않고 가고자 하는 방향만 확인하면서 골목골목을 누비는 게 베네치아를 여행하는 좋은 방법이다. 골목을 다니다 보면 자신이 좋아하는 풍경과 재미를 찾을 수 있으니 말이다.

골목을 누비다 보면 정말 다리가 아프다. 특히 여름에는 우리나라의 여름날씨와 비슷해서 습하기 때문에 물을 많이 마시면서 이동해야 한다.

까도르에서 물과 먹을거리를 사서 가방에 넣고 다니자. 리알토 다리에서 산 마르코 광장으로 가야 하기 때문에 퍼 마르코^{Per Marco}의 이정표를 확인하면서 가야 길을 해매지 않는다.

리알토 다리의 맥도날드에서 왼쪽으로 두 번째 골목으로 들어가서 명품상점들이 나오면 잘 가고 있는 것이다. 골목을 어느정도 지나가면 산 마르코 광장이 나온다. 산 마르코 성당은 828년부

터 짓기 시작해 15세기에 완공이 된 성당으로 광장과 성당이 베네치아의 상징이다. 광장에는 비둘기의 먹이를 팔고 먹이를 주면 비둘기가 많이 모이는 데 사진도 찍으면서 추억을 남겨보자. 하지만 실제 해보면 비둘기가 너무 많아 낭만만 있는 건 아니다.

광장에는 고고학 박물관을 비롯한 여러개의 박물관이 있는데 예전에는 행정관청으로 사용된 공간이었다. 광장에는 날개달린 사자상이 기둥위에 있는데 사자상은 마르코의 상징을 표현해 놓았다. 마르코의 유해가 모셔진 이후에는 베네치아의 상징이 날개 달린 사자상으로 바뀌었다고 한다. 광장에는 적의 침입을 감시하기 위해 종루를 세웠는데 지금은 엘리베이터가 설치되어 베네치아의 아름다운 전경을 보는 전망대 역할을 하고 있다. 산 마르코 성당 바로 옆에 있는 건물은 두칼레 궁전이고 입구는 왼쪽으로 돌아가면 있다.

성 마르코 성당 정문을 왼쪽에 두고 곤돌라가 보이는 바다 방향으로 걸어가다가 두칼레 궁전을 돌아 왼쪽으로 돌면 정면에 사람들이 많이 몰려있고 뒤에 건물위로 튀어나와 있는 조그만 다리가 탄식의 다리이다.

두칼레 궁전과 감옥을 잇는 다리로 죄수들이 다리를 건너면서 마지막 바깥 세상을 보며 한숨을 내쉬며 탄식한다고 해서 붙여진 이름이라고 한다. 우리가 아는 죄수로는 바람둥이 카사노바가 투옥되었다고 한다. 다들 탄식의 다리라고 사진을 찍기만 하지 그 의미는 잘 알지 못해 안타깝다.

산 마르코 광장과 성당까지 보고 나면 오후 4시 정도는 될거다. 배도 고프고 피곤할테니 광장 안쪽의 레스토랑에서 분위기 있는 저녁을 일찍 먹고 아카데미아 미술관이나 리도섬으로 이동하면 하루의 일정이 마무리된다.

리도섬을 꼭 보려면 먼저 배를 타고 보고 돌아와서 아카데미아에 내려 다리를 건너면 미술관이 나오는 코스로 계획을 세워도 센다. 수상버스 1, 2번을 타고 리도섬으로 갔다가 다시 똑같은 번호의 수상버스를 타고 돌아와 아카데미아에서 내려 아카데미아 다리를 건너면 미술관이 있다.

산마르코 광장
Piazza San Marco

1,000년 넘는 세월 동안 베네치아 삶의 중심지 역할을 한 산 마르코 광장은 세월이 흘러도 변하지 않는 모습을 자랑한다. 지금은 베네치아의 관광지와 카페, 많은 비둘기의 보금자리 역할을 하고 있다. 많은 사람들로 늘 북적이는 넓은 야외 광장을 현지인들은 '엘 피아자'라고 부른다. 하루 중 언제 방문하는지에 따라 변화하는 광장의 다양한 모습을 볼 수 있기 때문이다. 새벽에는 환상적인 일출이 아름답고, 낮에는 많은 사람들로 활기차며, 저녁에는 낭만적인 느낌으로 가득하다.

베네치아에서 가장 유명한 광장에는 성 마르코 대성당, 높이 솟은 종탑, 아름다운 고딕 양식으로 정면이 꾸며진 도제의 궁전 등 화려한 모습에 놀라게 된다. 광장 주변에 가로수처럼 늘어선 아케이드 아래의 카페에서 커피 한 잔의 여유도 즐기면서 유명한 건축물도 같이 감상해보자.

11세기에 지어진 성 마르코 대성당의 정면은 높은 아치형 구조물, 금과 대리석의 장식, 조각상 등으로 화려하게 꾸며져 있다. 오른쪽에는 베네치아의 명물인 종탑이 있는데, 꼭대기까지 올라가거나 뒤에 물러서 정각에 울리는 시계탑 종소리를 들어볼 수도 있다. 2개의 청동상이 종을 치는데, 500년 이상 종은 울렸다고 한다.

남동쪽 모서리에는 베네치아의 전통적인 입구를 상징하는 2개의 기둥이 있다. 기둥 꼭대기에는 성 마르코와 성 테오도레 조각상이 베네치아 도시가 건설된 석호를 내려다보고 있다.

흔히 들을 수 있는 소리는 먹이를 찾아 구구거리며 돌아다니는 비둘기 떼로 관광객들에게 골치 덩어리이다. 현재 비둘기에게 먹이를 주는 것은 더 이상 허용되지 않고 있다.
₩많은 카페에서 커피나 식사도 즐길 수 있지만 가격은 다른 곳에 비해 높은 편이다. 해가 지고 사람들이 많이 돌아가고 나면 마음에 드는 카페에 앉아 와인 한 잔 하면서 거리 연주자들의 음악을 감상하는 것도 추천한다.

산 마르코 지역에 자리한 성 마르코 광장은 바로 뒤에 대운하가 있어 바포레토(수상 버스)를 타거나 걸어서 갈 수 있다. 추운 계절에는 만조가 되어 광장이 물에 잠길 수 있지만 보행로가 높게 설치되어 있어 관광하는 데 문제는 없다.

산 마르크 종탑
Campanile

산 마르크 성당 옆에 우뚝 솟아 있는 산 마르크 종탑은 베네치아에서 가장 높은 탑으로 98m 높이에 달하는 빨간색 벽돌의 종탑 꼭대기에는 금색의 천사장 가브리엘 동상이 있다. 갈릴레오를 유명하게 해준 종탑 꼭대기에서 베네치아의 아름다운 360도 전망을 감상해 보자.

건물은 9세기에 건축되기 시작해 이후 수백 년이 걸려 완성되었지만 1902년에 탑이 무너졌고 지금의 탑은 1912년에 세워진 것이다. 매 시간 정각에 종탑의 유명한 5개의 종이 울리는데, 5개의 종은 1902년 탑이 무너졌을 때 파괴된 이후 원본을 다시 주조해 만든 복제본이다. 종탑에는 천문학 역사의 중요한 사건을 기념하는 명판도 있다. 갈릴레오 갈릴레이는 1609년 바로 이 탑에서 베네치아 공화국 총독에게 자신의 망원경을 시연해 보였다.

종탑 밑의 작은 건물인 로제타는 16세기에 건설되었지만, 건물 또한 탑이 무너질 때 같이 파괴되었다. 지금의 건물은 20세기 초에 재건된 것이다. 아폴로와 미네르바 등의 로마 신을 나타낸 동상과 얕은 돋을새김이 시선을 사로잡는다.

종탑 꼭대기

올라가서 시내와 주변 섬의 풍경을 보면 도시의 빨간색 타일 지붕과 오래된 성당 등을 볼 수 있는데 특히 겨울과 봄에 아름답게 눈 덮인 산이 보인다. 날씨가 좋을 때는 돌로미테 알프스까지 보인다.

성 마르코 대성당
Basilica di San Marco

도금된 모자이크, 보석이 박힌 가리개, 웅장한 비잔틴풍의 건축 양식 등으로 꾸며진 성 마르코 대성당은 베네치아에서 산 마르코 광장Piazza San Marco과 함께 관광객들이 찾는 관광지이다.

날씨가 맑은 날 어떤 방향에서든 성 마르코 광장을 향해 오면 성 마르코 대성당의 황금빛 첨탑들이 번쩍이는 부분을 볼 수 있다. 현지인들은 이곳을 황금 교회란 뜻의 '치사 도로'라고 부른다. 가까이 다가갈수록 많은 조각과, 양각, 모자이크 등으로 정교하게 장식된 성당 정면이 자세히 보인다.

830년 경부터 시작된 성당 공사는 3번에 걸쳐 증축하여 1060년에 완성되었다. 위에서 성당을 보면 중심에 돔이 있고 십자가의 네 모퉁이마다 돔이 하나씩 더 있는 구조로 특이하다.

오랜 세월동안 성당 건축을 하면서 고딕 양식부터 로마네스크 양식으로 이어져 마지막에는 비잔틴 양식으로 마무리된 성당이다. 마지막으로 내부 공사를 하면서 장식에는 대부분 비잔틴 양식으로 황금빛 모자이크로 꾸며 놓았다.

⊕ www.basilicasanmarco.it ⌂ Piazza San Marco
🕐 9시 30분~17시 15분(일요일과 공휴일은 14시부터 / 마감시간 30분 전까지 입장)
€ 성당 3€(6세 이하 무료), 황금의 제단 5€, 카발리+박물관 7€

집중 탐구

성당 안으로 들어가기 전에 중앙 출입구 주변의 아치형 구조물을 장식하고 있는 로마네스크 양식의 조각품을 충분히 볼 수 있다. 중앙의 아치형 구조물에는 12개월의 각 달에 해당하는 우화적인 인물과 황도 12궁이 장식되어 있고, 바깥의 아치형 구조물에는 베네치아 무역을 보여주는 장면이 표현되어 있다.

출입구 위의 왼쪽에 장식된 모자이크는 성 마르코 유해에 관한 것인데, 성인의 유해를 알렉산드리아에 빼앗겼다가 828년에 베네치아로 옮겨온 이야기의 한 장면을 나타낸다.

돼지고기 냄새를 싫어하는 이슬람교도에게서 유해를 이동시키는 장면

유해를 싣고 지중해를 건너는 장면

움직이지 않는 성 마르코의 유해를 묘사한 장면

산 마르코 대성당으로 이동하는 유해를 묘사한 장면

청동 문을 지나 현관에 이르면 구약 성서의 장면을 표현한 부분은 성당에서 가장 오래된 모자이크이다. 그리스 십자가 모양으로 생긴 성당의 대표적인 공간으로 들어가면 황홀한 기분까지 느낄 수 있다.

24캐럿 금으로 상감한 8,000㎡ 규모의 모자이크가 바닥부터 천장까지 실내를 장식하고 있는데, 인기 많은 장면으로는 정문 옆에 장식된 "성모 마리아와 사도"와 중앙 돔에 장식된 '예수 승천'이다.

팔라 도로

선한 눈빛과 힘찬 말의 발길질을 표현한 청동 말 진품

성당 뒤쪽에는 가장 중요한 보물이 보관되어 있다. 성 마르코 유해를 보관하고 있는 제단 뒤에는 황금 가리개인 '팔라 도로'가 있는데, 루비, 에메랄드, 진주 등 수천 개의 보석으로 박혀 있고 성인들의 이미지로 상감 장식이 되어 있다.

금고에는 베네치아 십자군 전쟁에서 콘스탄티노플로 약탈된 많은 물품도 볼 수 있다. 성모 마리아의 머리채로 알려진 것을 포함하여 여러 성인들의 유물이 보관되어 있다.

황금의 선반을 보고 나면 2층에 있는 박물관으로 향한다. 천장의 모자이크를 자세히 볼 수 있고 청동 말 진품을 볼 수 있어 대부분 같이 이동한다.

주의 사항

대성당으로 입장하려면 복장에 주의해야 한다. 반바지나 짧은 치마, 민소매는 입장에 제한을 받을 수 있다.

두칼레 궁전
Palazzo Ducale

웅장한 건물은 오랜 시기 동안 베네치아 통치자들의 보금자리였다. 지금도 여전히 부와 권력이 느껴지는 14세기의 도제의 궁전은 정면이 핑크색 대리석으로 꾸며져 있어 성 마르코 광장에서 쉽게 눈에 띈다. 도제의 궁전이라고도 부르는데, 도제Doge라는 뜻은 라틴어 둑스Dux에서 유래된 말로 '군주'라는 뜻이다. 정치적인 합의를 이루어 제한적인 권력을 행사하며 베네치아의 번영을 이끄는 역할을 수행했다.

아치형의 로지아와 벽 위의 요새 같은 봉우리는 바다에서 베네치아로 올 때 바라보면 얼마나 막강한 부와 권력을 누렸는지 느낄 수 있다. 대 의회실의 웅장한 장식부터 럭셔리 아파트까지 궁전의 모든 것은 그야말로 감탄을 자아낸다. 대리석 로지아가 우뚝 솟아 있는 마당부터 구경을 시작하자. 넓은 흰색 계단 꼭대기에는 화성과 해왕성 동상이 광장을 내려다보고 있다.

🌐 www.visitmuve.it　🏠 9~18시(마감 30분 전부터 퇴청을 알림, 1/1, 12/25 휴일)
€ 30€(산 마르코 광장 통합권, 궁전+박물관+도서관 / 6~25세 학생과 어린이는 50%할인)

두칼레 궁전 집중 탐구

도제의 환경

베네치아에서 통치자를 선거로 뽑는 시스템은 7세기부터 18세기까지 지속되었다. 궁전을 둘러보면 통치자(도제)들은 화려한 환경으로 둘러싸여 살았던 느낌이다. 방들은 산마리노 공화국으로 불렸던 시절의 모습을 아직도 간직하고 있는데, 프레스코, 그림, 화려한 벽난로 등으로 꾸며져 있다. 눈을 들어 위를 보면 정교하게 조각된 목재 천장 또한 자체가 예술 작품이다.

안뜰(Cortile) & 거인의 계단

회랑으로 둘러싸인 안뜰은 1, 2층에 아치모양으로 둘러싸여 있다. 안뜰에서 들어서면 무역의 신인 헤르메스와 바다의 신인 포세이돈의 거인 모습으로 제작된 것을 볼 수 있다. 가운데에는 성마르코를 상징하는 사자상이 보인다. 2층 회랑 안에 있는 사자의 입은 조선시대 영조의 '소원 수리함'처럼 익명으로 투고를 하는 입구로 사용되었다.

대회의실

거인의 계단을 따라 올라가면 가장 크고 화려한 대회의실이 나오는데, 틴토레토의 거대한 작품 천국이 왕좌 뒤로 걸려 있다. 회의실의 모든 방은 틴토레토와 다른 예술가들의 그림과 프레스코, 조각 작품들로 꾸며져 있다.

리알토 다리
Ponte di Rialto

베네치아에서 가장 오래되고 가장 상징적인 다리인 리알토 다리Ponte di Rialto는 낭만적인 경치, 기념품 가게, 거리 공연 등으로 유명하다. 대운하를 따라 수상 버스인 바포레토나 곤돌라를 타고 가다가 어시장을 돌 때쯤 눈을 크게 뜨고 보자. 베네치아의 가장 상징적인 다리가 눈에 들어온다.

리알토 다리Ponte di Rialto는 1500년대 후반부터 도시의 명물이 되어왔다. 뚜렷한 V자 모양으로 설계된 다리는 높다란 석재 아케이드와 난간이 있어 관광객들이 아래 운하를 따라 지나가는 곤돌라들을 내려다 볼 수 있다.

리알토 다리Ponte di Rialto는 대운하 중간에 위치해, 시장 지역인 산 폴로와 관광 중심지인 산 마르코를 연결해 주고 있다. 가려면 바포레토나 곤돌라는 타고 리알토 정류장에서 내리거나, 성 마르코 광장 중심에서 북쪽으로 걸어가면 나온다.

리알토 다리 집중탐구

설계자

지붕이 있는 리알토 다리Ponte di Rialto는 이름도 걸맞게 "다리의 안토니오"란 뜻의 안토니오 다 폰테가 건설했다. 다 폰테는 유명한 조각가 미켈란젤로를 제치고 리알토 다리의 건축 계약을 따냈다. 리알토di Rialto는 12세기 후반의 다리를 교체한 것인데, 당시의 실용성과 아름다움이 복합되어 있다.

구조

아치형 구조물은 배가 지나가기에 충분하도록 7.5m의 높이를 갖추고 있으며, 대칭이 되는 아치형 구조와 중앙에 높이 솟은 구조물이 독특하다. 베네치아의 수많은 섬을 연결하는 400여 개의 다리 중에서 리알토 다리Ponte di Rialto가 아마도 관광객들의 사진에 가장 많이 담겼을 것이다.

통로

리알토 다리Ponte di Rialto에 걸어서 오면 다리 꼭대기로 이어지는 3개의 통로를 볼 수 있다. 2개는 양 바깥쪽 난간을 따라 나있고, 가운데로 나있는 길에는 무라노 유리 공예품과 보석, 기타 공예품을 판매하는 가게가 안쪽을 향해 늘어서 있다.

사진을 찍고 싶다면 리알토 다리(Ponte di Rialto)에서~~~

거리의 행상들과 음악 연주자들이 분위기를 늘 활기차게 만들어 준다. 다리 위에서 보이는 풍경은 덧문이 있는 창문이 달린 베네치아 스타일의 집과 레스토랑 아래로 구불구불 흘러가는 대운하의 모습은 환상적이다.

낮에는 활기찼던 분위기가 밤이 되면 조용해진다. 상인들은 가게의 문을 닫고, 다리에 투광 조명이 켜지고 운하의 물결 위로 모습이 비치면 관광객은 다시 사진을 찍으며 추억을 남긴다.

페기 구겐하임 박물관
Collezione Peggy Guggenheim

1976년에 뉴욕의 구겐하임 미술관에 이어 전 세계에서 2번째로 문을 연 페기 구겐하임 박물관Collezione Peggy Guggenheim은 대운하를 따라 아카데미아 다리와 산타마리아 델라 살루테 성당 사이에 위치해 있다. 대부분의 작품은 20세기 초반에 개인이 수집한 것이며 큐비즘, 미래파, 초현실주의, 아방가르드 조각품 등 거의 모든 현대 예술 학파의 작품이 전시되어 있다.

2번째로 문을 연 이유

유럽 최고의 현대 미술관인 페기 구겐하임 미술관이 자리한 거대한 저택은 부유한 미국의 상속녀인 페기 구겐하임이 살던 곳이다. 18세기 건물은 원래 여러 층의 대저택으로 구상되었는데, 어떤 이유에서인지 1개 층만 건축되었다. 왜 미완성으로 남았는지는 아무도 모르지만, 자금이 부족했을 수 있다는 추측이 있다.

입구

대운하로 미술관에 오면 페기 구겐하임의 가장 독특한 작품들을 보게 된다. 그중 하나는
마리노 마리니의 1948년 작품인 도시의 천사라는 조각상이다. 말을 탄 나체의 남성이 양팔
을 활짝 펼친 모습인데, 노골적인 남근 묘사로 유명하다. 페기는 언제나 논란의 대상이 되
는 것을 절대 두려워하지 않았다고 전해진다.

여유를 갖고 미술관의 상설 전시회와 임시 전시회도 둘러보는 것을 추천한다. 칸딘스키,
피카소, 만 레이, 몬드리안, 달리, 막스 에른스트, 잭슨 폴락 등의 작품은 다른 곳에서 쉽게
감상할 수 없는 작품들이다.

⊕ www.guggenheim-vinice.it ⌂ Palazzo Venier dei Leoni Dorsoduro, 704(1번 살루페 승선장 하차)
⊙ 10~18시(폐장 30분 전까지 입장 가능, 휴일 : 매주 화요일, 12/25) € 16€(10~16세 9€ / 9세 이하 무료)

Bolzano

볼차노

볼차노

BOLZANO

북부 이탈리아의 고지대에 오르면 알프스 산맥 기슭에 위치한 중세 마을 볼차노가 나타난다. 한때 오스트리아에 속해 있던 볼차노Bolzano는 이탈리아 알프스를 즐기고 위해 거쳐 가야 하는 거점 도시이다. 이탈리아 도시이지만 마치 독일이나 오스트리아 분위기의 도시는 오스트리아에 속해있던 시간이 길었기 때문에 이탈리아어와 독일어가 공존한다.

한눈에 볼차노 파악하기

케이블카를 타고 마을 북쪽의 레논 플라토에 올라가는 길에는 드넓은 언덕 위에 펼쳐지는 계단식 포도밭과 '흙 피라미드earth pyramid'라 불리는 뾰족한 바위를 볼 수 있다. 정상에 오르면 볼차노 동쪽으로 한 줄로 늘어선 험준한 사암 봉우리인 돌로미티와 도시의 전경을 감상할 수 있다.

발터 광장의 좁은 자갈길을 거닐며 본격적인 볼차노 여행을 시작한다. 봄이 오는 4월 말에는 광장 중앙의 동상이 꽃으로 둘러싸여 화려하게 장식된 모습을 볼 수 있다. 광장에 인접한 성모 승천 성당당에는 1300년대에 제작된 예수 수난상 프레스코 벽화가 보존되어 있다.

볼차노는 티롤 지방의 도시로 독일어를 사용하는 합스부르크 왕가에 속했다. 오랜 세월 오스트리아 마을이던 볼차노는 20세기에 초입에 이탈리아로 편입되었기 때문에 두 개의 정체성을 가지고 있다. 20세기 초에 민족주의가 나타나면서 티롤지방으로 정체성이 강화되었다. 그러나 1차 세계대전에서 오스트리아가 패전하고 합스부르크 왕가가 몰락하면서 남티롤은 이탈리아로 편입되었다. 인구의 1/4은 여전히 독일어를 사용하고 있고, 도시의 모든 지명과 사물 이름은 이탈리아어와 독일어를 혼용하고 있다.

볼차노는 이탈리아, 오스트리아에서 자동차로 이동이 쉽다. 버스와 기차를 이용하여 이탈리아 알프스로 이동하기도 한다. 도시 내 도로에 차량 출입이 금지되는 경우도 있기 때문에 도심에서는 도보나 대중교통을 이용하여야 한다.

볼차노 대성당
Bolzano Cathedral

볼차노 기차역에서 내려 북서쪽으로 5분 정도 걸으면 나오는 볼차노 대성당은 중세 지구에서 가장 매력적인 건축물이다. 가고일로 장식되고 꼭대기에는 큰 첨탑이 있는 붉은색과 노란색의 사암 파사드가 사람들의 시선을 사로잡는다.

첫 번째 교회는 12세기 후반에 여기에 지어졌지만 건물이 현재의 고딕 외관을 얻은 것은 14세기이다. 16세기에 조각가 한스 루츠 폰 슈슨리트Hans Lutz von Schussenried가 설계한 종탑이 완성되면서 지금에 이르렀다.

인접한 광장을 향해 있는 화려한 레이타쳐 토르^{Leitacher Törl} 문은 전통적인 볼차노 의상을 입은 포도원 노동자들의 이미지로 장식되어 있다. 순례자, 십자가에 못 박힌 예수, 경건한 인물을 묘사한 프레스코화가 있다. 과거에는 어머니들이 성모 마리아의 그림을 보고 자식들의 언어 문제를 치료할 수 있기를 바라면서 헌금함에 돈을 남기기도 했다. 둥근 천장과 웅장한 설교단, 받침대의 패널은 천사들로 장식되어 있으며, 설교단 자체는 전도자들을 묘사하는 부조로 꾸며져 있다.

성당 유물 박물관 안에는 중세와 바로크 양식 장식품의 컬렉션으로 전시되어 있다. 순금과 은 동상, 호화로운 예복과 르네상스 시기의 성서 등이 있다.

발터 광장
Piazza Walter

중앙에 독일 시인에 대한 대리석 네오 로마네스크 기념비가 있는 발터 광장은 레스토랑과 카페가 줄지어 있는 보행자 전용 광장이다. 사우스 티롤의 푸른 산들과 볼차노 대성당의 첨탑이 광장을 내려다보고 있다. 과거에 말시밀리안 광장Maximilian-Platz와 요하네스 광장 Johanns-Platz으로 불리기도 했던 발터 광장Piazza Walter은 바이에른 왕실 소유였던 땅에 19세기 초에 지어졌다.

광장의 가장 유명한 랜드마크는 광장의 남서쪽 모퉁이에 위치한 볼차노 대성당으로, 고딕

양식과 로마네스크 건축 양식이 조화를 이루고 있다. 카페에서 음료를 마시고 휴식을 취하면서 기분 좋은 여유로운 분위기를 즐기는 사람들로 항상 광장은 북적인다.

광장의 중앙에 12세기 시인 발터 폰 데어 포겔바이데Walther von der Vogelweide의 동상이 서 있다. 1935년 파시스트 시대에 이 조각상은 치워졌지만 제2차 세계대전 이후에 복원되었다. 1889년에 세워진 큰 대리석 기념비는 시인이 사자 조각상 위의 연단에 서있는 모습을 묘사하고 있다.

도시의 중세 지역을 나누고 광장에서부터 뻗어 나가는 고풍스러운 골목길이 아름답다. 광장 안팎의 상점에서 기념품을 구입하고 광장에 있는 카페에서 휴식을 즐기기에 좋다. 5월 말에 열리는 꽃 시장에서는 정교한 꽃 장식이 광장의 발코니와 가판대를 장식한다. 11월 말에서 1월 초까지 이어지는 크리스마스 마켓도 도시 분위기를 밝게 해준다.

승전 기념비
Monumento alla Vittoria

승전 기념비는 제1차 세계대전이 끝날 때 이탈리아 사우스 티롤의 합병을 축하하기 위해 건립된 건축물이다. 전체주의 독재자 베니토 무솔리니(Poitón Mussolini)의 지시로 새워진 기념비는 이탈리아 파시스트 건축의 예이다. 1928년에 처음 개관한 기념비의 아치는 이 지역의 독일과 이탈리아 집단 사이에 분열을 초래했다. 2014년에 다시 대중에 공개되기 전에 오랜 세월 동안 울타리를 쳐져 있기도 했다.

기념비는 베르가모의 잔도비오 대리석으로 만들어졌다. 파사드 위의 라틴 문자는 번역하면 "여기 조국의 국경에 표시물을 세운다. 이 지점에서부터 우리는 다른 사람들에게 언어, 법률, 문화를 교육했다."라는 의미이다. 떠있는 천사의 조각상이 문구 위에 자리 잡고 있다.

기념비 안에 있는 BZ 18~45 박물관에는 이전에 이탈리아화를 위한 시도와 이를 반대하는 정치 이데올로기와 다른 언어로 인해 조성된 긴장을 기록하고 있다.

남 티롤 고고학 박물관
South Tyrol Museo of Archaeology

알토 아디제 고고학 박물관에는 세계에서 가장 오래된 미라 중 하나인 '아이스맨 외치'가 전시되어 있다. 1991년에 이탈리아 알프스에서 발견된 냉동 미라는 5,000년이 넘은 것으로 알려져 있다. 미라와 함께 매장되어 있었던 옷과 무기를 포함하여, 박물관 3층 전체에는 미라 발견과 관련되어 전시되어 있다.

1층

어떻게 '외치'의 발견을 처음으로 보도했는지 보여주는 전시가 있다. 그런 다음 2층으로 올라가서 그의 소장품을 확인하면 된다. 염소 가죽 각반 한 번, 곰 가죽 모자, 풀과 사슴 가죽 신발, 가죽 샅바, 단검, 화살대, 구리로 만든 손도끼 등이 있다.

2층

고대 미라가 영하 6도의 일정한 온도와 높은 상대 습도에서 보관되는 냉장실의 창으로 들여다 볼 수 있다. 미라가 발견된 빙하의 상태를 반영한 것으로 '외치'는 이집트의 파라오를 보존하는 데 사용되는 것과 같은 인위적인 변화 과정을 거치지 않은 자연 발생적인 미라이다.

3층

25년 동안의 미라 연구에 대한 전시가 있다. '외치'가 살았던 방식, 앓았던 질병, 죽음을 초래했을 원인에 대한 아이디어에 초점을 맞추고 있다.

⊕ www.iceman.it 🏠 Via Museo 43, 39100 ⊙ 10~18시(30분 입장가능)
€ 13€(노인, 장애인, 어린이, 학생 10€ / 만 6세 미만은 무료) 📞 0471-320-123

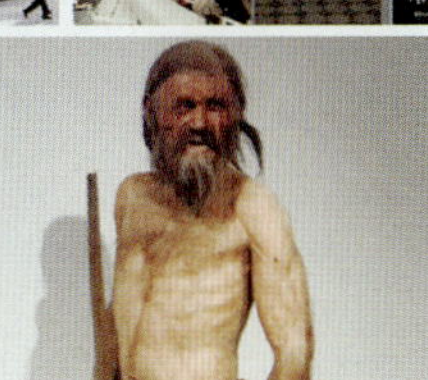

Dolomiti

돌로미티

돌로미티

DOLOMITI

유럽에 있는 알프스 산악지역은 스위스, 프랑스, 이탈리아, 오스트리아, 독일, 슬로베니아, 리히텐슈타인의 7개국에 국경을 맞닿아 있다. 알프스 7개국 중 가장 많은 국경을 맞대고 있는 알프스의 중심이다. 1956년 동계올림픽 개최 이후 동계스포츠를 즐기려는 사람들이 찾아오면서 고립된 돌로미티(Dolomiti) 지역은 관광지로 거듭나게 되었다.

이탈리아 알프스, 돌로미티에 가야 하는 이유

이탈리아 알프스 지역은 알프스의 동부이며 이탈리아 북부에, 북쪽으로는 오스트리아 국경을 마주하고 남 티롤이라 부르는 돌로미테 산군은 벨루노현, 볼차노 현, 트렌토 현에 걸쳐 있다. 파노라마의 향연 장엄한 풍광과 흥미로운 액티비티, 휴양과 관광을 동시에 즐길 수 있는 아직 우리에게 잘 알려지지 않은 마지막 보석 같은 돌로미티Dolomiti로 떠나려는 여행자가 늘고 있다.

유네스코 세계문화유산
2009년 6월 26일 유네스코는 돌로미티Dolomiti의 자연의 아름다움을 유네스코 세계유산으로 등재되어 총면적이 141,903㎢로서 제주도의 3배에 이르는 광범위한 면적을 가지고 있다. 독특한 산악 지형구조는 알프스 초목이 부드럽게, 조화롭게 덮고 있는 고요한 산악 계곡 형상을 보여주고 있다.

간략한 코르티나 역사

코르티나 산악지대는 목축을 생업으로 하는 정착지로 시작하여, 산림지대 환경특성을 최대로 살린 생산업과 목재 제품 상업이 활성화 되었다. 지리적 위치의 특성으로 인해 베네치아 공화국 및 400여 년간 오스트리아 헝가리 제국에 소속되어 성장해 왔으며, 1800년 중반기에 철도선 설치로 부유층 영국인, 독일인, 소련인 여행자들의 휴양지로 알려지면서 돌로미티 산악지내에서도 손꼽히는 경제도시로 발전하게 되며, 관광객 유치를 위해 대규모 호텔과 최초 레저 스포츠 시설을 갖추게 되었다.

돌로미티Dolomiti의 이름과 전 세계인에 각인된 계기는?

알프스 산맥 중 가장 아름다운 산악지역으로 알려진 돌로미티Dolomiti는 독특하고 유일한 아름다움을 느끼게 한다. 산맥의 이름은 18세기에 산맥의 광물을 탐사했던 프랑스 지질학자인 데오다 그라테 드 돌로미외Déodat Gratet de Dolomieu에서 유래된 이름이다. 1800년도 낭만주의 시대부터 자연의 풍경이 주요 관심사가 되면서 더욱 관심을 끌게 되었다. 1990년대 후반의 영화였던 실베스타 스텔론 주연의 '클리프행어'가 전 세계적인 흥행을 하면서 촬영지가 미국이 아니라 이탈리아라는 사실이 알려져 촬영지로 각인시켰다.

돌로미티

이탈리아 알프스는 어디?

흔히 알프스라면 스위스를 떠올리지만, 지도를 놓고 보면 알프스에서 가장 높은 산인 몽블랑(4,807m)은 프랑스에 있다. 오스트리아의 비엔나 근교 숲에서 발현한 알프스는 슬로베니아를 지나 이탈리아, 스위스, 독일 남부, 프랑스에서 큰 산을 만들고 모나코 앞 지중해 바다로 사라지는 유럽의 명산이며, 이탈리아 알프스는 알프스의 남쪽 측면을 공유하여 어떤 나라보다 알프스 면적이 넓다.

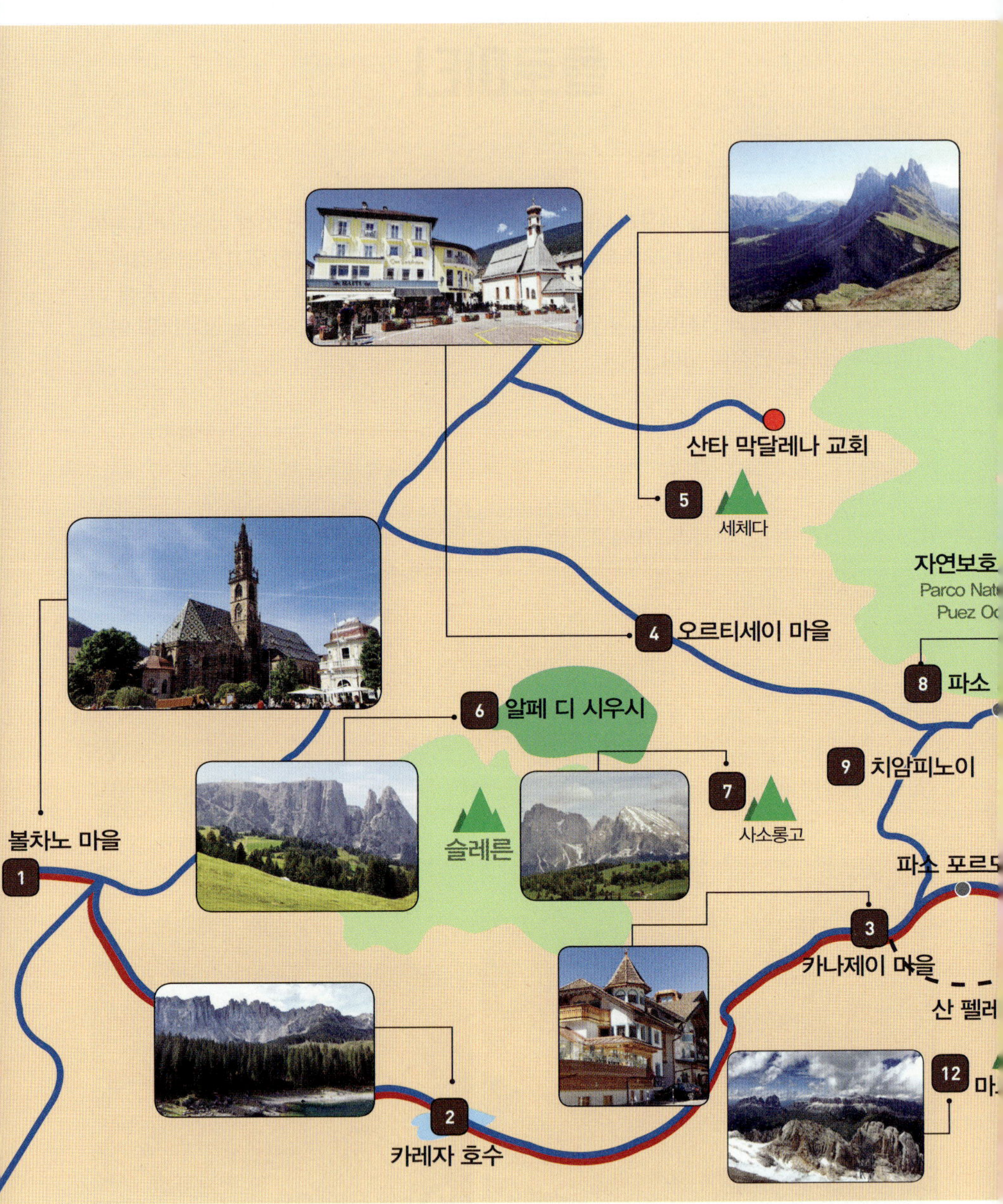

산타 막달레나 교회
5
세체다
자연보호
Parco Nat
Puez Od
4 오르티세이 마을
8 파소
6 알페 디 시우시
9 치암피노이
7
사소롱고
볼차노 마을
슬레른
1
파소 포르드
3
카나제이 마을
산 펠러
12 마
2
카레자 호수

브라이에스 호수
21
19 로카델리 산장
야생동물 공원
Parco Naturale Regionale
delle Dolomiti d'Ampezzo
아우론조 산장
20
18 미주리나 호수
바
14 라가주오이 산장
17
코르티나 담페초 마을
파소 팔자레고
13
15
친퀘 토리
16
파소 지아우

돌로미티 여행

볼차노, 오르티세이 출발
돌로미티Dolomiti는 팔자레고Falzarego 고개를 중심으로 서쪽과 동쪽으로 나뉜다고 할 수 있다. 서쪽과 동쪽의 매력이 다르기 때문에 여행자들은 각각 볼차노와 베네치아에 거점을 두고 돌로미티 여행을 하게 된다. 서쪽의 볼차노에서 출발하지만 오르티세이Ortisei는 돌로미티Dolomiti 서쪽 여행의 주요 거점이 되는 작은 마을이다. 이태리 북부 마을이지만 스위스와 독일의 영향을 받은 건물들이 있고, 주민들은 독일어를 쓰기도 한다.

1 볼차노(Bolzano)

알프스 산맥의 한 부분인 돌로미테의 아름다운 자연 경관을 감상하기 위해 꼭 들려야 하는 도시이다. 알프스 산맥이 그림처럼 펼쳐져 있고, 광활한 포도밭과 와이너리가 반겨주는 곳이다. 이탈리아 최북단 도시인 볼차노Bolzano는 오스트리아의 분위기를 느낄 수 있는 문화의 교차로이다.
눈에 보이는 풍경은 알프스 산맥이지만, 이탈리아어와 독일어가 함께 들려오기 때문에 신기하게 느껴진다. 주변의 자연풍경이 지루해지면, 고즈넉함과 우아함이 공존하는 아케이드를 따라 이어진 상점들을 구경하며 도시를 둘러보자. 맑고 눈부신 자연이 풍요로운 삶의 여유와 어우러지는 운치 있는 도시, 볼차노Bolzano 앞에 펼쳐지는 풍경이 그림일까, 사진일까 고민하게 되는 도시이다.

PINOCCHIO

2 카레자 호수 (Lago di Carezza)

호수에 비치는 돌 산으로 유명하다. 여행가들이 선정한 아름다운 돌로미티Dolomiti 3경 중 하나라고 한다. 이 곳의 에메랄드 빛 호수는 눈이 녹아 흘러내리는 물과 해저에서 솟아나는 샘물로 이루어져 있다.

호수의 빛깔은 말로 표현하기 힘들 정도로 오묘하고 그 위로 비치는 돌산과 하늘의 절경에 관광객들이 찾아가는 장소이다. 계절에 따라 호수 물의 빛깔과 호수의 수위가 달라지는데, 10월이 가장 높고 봄에 가장 낮다. 호수 주위로 조성된 산책로를 여유롭게 걸으며 사진을 찍는 재미에 빠질 것이다.

3 카나제이 (Canazei)

파사 계곡의 중심으로 북쪽으로는 셀라 산군, 남동쪽으로는 마르몰라다 산군에 둘러싸인 곳이다. 겨울에는 스키리조트를 찾는 사람들에게, 여름에는 셀라산군과 마르몰라다 산군을 여행하는 여행자들의 베이스캠프이기도 하다.

카나제이가 자리 잡고 있는 곳은 카사 계곡Val di Fassa로, 이 계곡의 중심이 카나제이라고 할 수 있다. 주변에는 벨베데레 등 많은 전망대가 위치하고 있어 일정에 따라 원하는 전망대에 올라 아름다운 풍경을 볼 수 있다.

파노라마 패스나 발디 파사 카드를 이용하면 조금 더 저렴하게 여행이 가능하다.

4 오르티세이 (Ortisei)

해발 1,236m 에 위치한 이탈리아 알프스에서 가장 아름다운 마을 중에 하나로, 1970년에 알파인 스키 세계 선수권 대회가 열리기도 했다. 발가르데나에 속하는 오르티세이는 동편으로는 산타크리스티나St Cristina, 셀바Selva 마을이 이어져 있다. 많은 집들이 예쁜 꽃들로 장식돼 있어 마을을 둘러보면 마음이 안정된다.

곳곳에 앉아서 풍광을 즐기는 벤치가 마련되어 있어 누구나 천천히 마을을 둘러보게 된다. 돌길 위에 세운 역사적인 건물들, 오랜 전통의 호텔. 프로슈토와 치즈, 와인 등을 파는 상점, 술통으로 테이블을 만든 와인바, 카페와 교회도 보인다.

트레킹

오르티세이에서 가장 경이로운 풍경을 자랑하는 곳은 남쪽에 있는 알페 디 시우시(Alpe Di Siusi)이다. 이곳은 케이블카를 타고 올라야 하는데 케이블카 한 대에 15명까지 탈 수 있다.

이곳에 오르면 뾰족하게 튀어 오른 사소룽고(Sasso lungo)와 샤소피아토(Sasso Piatto) 봉우리를 볼 수 있다. 사소룽고는 3,181m의 높이로 돌로미티에는 2,750m 이상의 봉우리가 35개나 널려 있다. 트레일을 따라 사소룽고 방향으로 걸어 가면 다양한 모습의 돌로미티를 감상할 수 있다

오르티세이에서 북쪽으로는 세체다봉이 있는데 케이블카로 올라갈수 있으며, 동편으로 오들러산군과 남쪽으로는 아래 마을과 시우시 등 넓은 발가르데나 계곡의 풍광을 볼수 있다.

세체다 (Seceda)

오르티세이Ortisei에서 곤돌라를 타고 푸르네스Furnes, 푸르네스Furnes에서 케이블카를 타고 이동이 가능하다. 케이블카를 타고 아름다운 풍경만 둘러보고 내려와도 좋지만, 다양한 트래킹 코스가 있으니 직접 걸으면서 자연을 느껴보자. 내려가는 케이블카도 코스마다 다르기에 올라갈 때와 내려갈 때 다른 케이블카를 타보면 다른 자연 풍경에 감탄할 것이다.

6 알페 디 시우시 (Alpe di Siusi)

산악가들이 지상천국이자 자유의 최고점이라고 생각하는 곳이 바로 이탈리아의 돌로미티 산맥이다. 유럽에서 가장 높고 큰 규모로 자리 잡은 고원, 알페 디 시우시는 절경이 뛰어난 곳이다. 해발 2,000m의 알페 디 시우시^{Alpe di Siusi}는 축구장 8000개 크기인 56㎢에 이르는 광대하고 평평한 초원이다.

여름에는 알프스의 수많은 야생화가 꽃망울을 터트리고 청정한 바람을 즐기는 트래킹과 산악자전거를 타는 사람들로 넘쳐난다. 겨울이면 햇살에 눈부시게 반짝이는 흰 눈이 포근한 담요처럼 뒤덮인 초원에 스키, 스노보드를 타는 겨울 스포츠 마니아들로 가득 찬다. 돌로미티 봉우리들은 자연이 빚어낸 신비로운 형상을 푸른 초원 위로 선보이고 있다. 알페 디 시우시 초원에 서서 사방을 둘러보며 돌로미티의 대자연이 선사하는 경이로움은 평생의 추억이 될 것이다.

7 사소룽고 (Sasso lungo)

알페 디 시우시Alpe di Siusi에서 케이블카를 타고 이동하면 뾰족하게 튀어 오른 사소룽고Sasso lungo와 사소피아토Sasso Piatto 봉우리를 볼 수 있다. 사소룽고는 3,181m의 높이로 돌로미티에는 2,750m 이상의 봉우리가 35개나 널려 있다. 트레일을 따라 사소룽고 방향으로 걸어가면 다양한 모습의 돌로미티를 감상할 수 있다.

8 파소 가르데나 (Passo Gardena)

바위 성벽 넘어 웅장한 산 사이로 보이는 파소 가르데나는 서쪽의 발 가르데나Val Gardena에서 코르티나 담 페초가 위치한 동쪽으로 넘어가는 고갯길 중 하나이다. 구불구불하고 좁은 길을 자동차로 달리거나, 두발로 걷다 보면 웅장한 바위로 이루어진 셀라 산군과 마주할 수 있다. 리프트를 타고 위에 올라 봐도 푸른 들판 위로 생긴 구불구불한 길은 자체가 아름답다.

9 치암 피노이 (Ciam Pinoi)

셀라와 사소룽고를 한 번에 볼 수 있는 치암 피노이Ciam Pinoi는 벨 가르데나 마을에서 케이블카를 타고 갈 수 있다. 다른 정상과 마찬가지로 산장이 마련되어 있고, 간단한 음식을 먹거나 커피를 마시며 쉬어 갈 수도 있다. 돌로미티의 아름다운 산 위 노란 의자에 앉아 산책 후 여유를 즐기는 것도 좋다.

10 아라바 (Arabba)

파쏘 포르도이의 작은 마을인 아라바Arabba는 파쏘 포르도이 근처에 있는 작은 마을이다. 다른 돌로미티 마을들처럼 스키 리프트가 많고, 하이킹을 위한 거점이 되어주는 곳이다. 크고 작은 언덕으로 이루어진 마을에는 다양한 형태의 숙소들이 준비되어 있다. 파쏘 포르도이 트레킹을 준비하고 있다면, 아라바Arabba에서 머무는 것도 추천한다.

11 산 펠레그리노 (San Pellegrino)

산 펠레그리노는 돌로미티의 최고봉인 마르몰라다 산군에 속해 있는 고개이다. '산 펠레그리노'라는 이름은 탄산수 이름으로 1395년 이곳에서 탄산수가 탄생했다고 전해진다. 들판을 거닐며 트레킹을 즐기기에 좋은 곳이다.

12 마르몰라다 (Marmolada)

해발 3,343m에 이르는 돌로미티의 최고봉은 마르몰라다Marmolada이다. 하얗고 아름다운 만년설로 가득한 산봉우리이며, 7월~9월 중순까지는 케이블카를 이용해 편안하게 정상까지 오를 수 있다. 종착지는 마돈나Madonna 돌로미티로, 해발 3,250m에 달하는 만큼 2~3번의 케이블카 환승이 필요하다. 고지대에기에 추울 수 있으니 미리 얇은 경량패딩을 준비하는 것도 필요하다.

13 파소 팔자레고 (Passo Falzarego)

파네스 고원을 넘어가는 고갯길, 파소 팔자레고Passo Falzarego가 나온다. 팔자레고Falzarego라는 이름은 '실패한 왕falso re'에서 기원했다. 파네스 왕국의 라딘 전설에 의하면, 강한 전사인 도라실라 공주를 앞세워 영토를 확장하던 파네스 왕은 자신이 모든 승리의 업적을 얻기 위해 그녀의 은색 갑옷이 붉게 변하는 것을 보고 적과 내통해 왕국을 배신했다고 사람들에게 알린다. 결국 전투 중에 그녀는 사망하게 되고, 전쟁의 패배로 이어진다.
백성과 왕국을 저버린 왕은 팔자레고 고개의 바위로 굳어버렸다고 전해진. 고갯길을 지날 때, 왕의 얼굴을 찾아보는 것은 어떨까?

14 라가주오이 산장 (Refugio Lagazuoi)

돌로미티의 동쪽 부분에 있는 산장으로 코르티나 담페죠에서 동쪽으로 약 17km 떨어져 있다. 파소 팔레자고 정상에서 케이블카를 타면 정상 인근에 산장이 나타난다. 이곳의 첫 번째 목적은 대피용이지만 케이블카가 설치된 이후로 산장에서 보이는 풍경이 아름다워 관광객이 자주 찾는 장소가 되었다. 특히 산장에서 360도를 돌면서 보이는 풍경을 어느 곳보다도 장엄하다.

해발 2,750m 라가주오이 산장Refugio Lagazuoi에서 보낸다면 아침 일찍 일출을 꼭 보아야 한다. 산장 테라스에서 바라보던 파노라마 뷰와 조금씩 떠오르는 빛을 받으면 바뀌던 풍경은 환상적이다. 새로운 아름다움에 매료될 것이다.

돌로미티의 산장

산장이라는 뜻의 이탈리아어 'Refugio' 대피소나 휴게소의 개념이다. 돌로미티에는 트레킹 코스마다 다양한 산장이 있다. 최근에는 인기가 높아지면서 미리 예약을 하지 않으면 여름이 다가올수록 산장의 예약은 하늘의 별따기처럼 힘들다. 홈페이지에서 룸(방)을 고르고 성함, 신용카드 번호 등을 넣으면 예약은 쉽게 가능하다. 예약이 가능하다는 메일을 받으면 그때 보증금을 미리 결제하면 된다.

15 친퀘토리 (Cinque Torri)

친퀘토리Cinque Torri는 다섯 개의 봉우리를 의미하며, 해발 2,361m에 위치하고 있다. 코르티나 담페초와 오르티세이 사이에 위치하고 있어 여름에는 오랫동안 머물며 하이킹을 즐기려는 사람들이 많다.

멋진 절경으로 사진작가들이 돌로미티Dolomiti에서 가장 사랑하는 스팟이기도 하다. 시간에 따라 풍경이 달라지지만 보는 방향에 따라서도 풍경의 느낌이 다르게 다가온다. 올라가는 하이킹 코스와 내려오는 하이킹 코스를 다르게 해 친퀘토리의 매력을 즐기려는 트레킹 족들이 대부분이다.

16 파소 지아우 (Passo Giau)

해발 2,236m 높이의 아름다운 산길로, 이 곳에 다다르면 정면에 라 구셀라La Gusela라는 이름을 가진 거대한 봉우리를 볼 수 있다. 풍경만을 즐겨도 좋지만, 트래킹을 즐기고 싶다면 La 라 구셀라Gusela에 이어진 봉우리들까지 한 바퀴 둘러 다시 파소 기아우로 돌아올 수도 있다.

17 코르티나 담페초 (Cortina d'Ampezzo)

세계에서 가장 아름다운 알프스 지역 중 한 곳에 위치한 작은 마을은 돌로미티의 진주로 불린다. 코르티나 담페초Cortina d'Ampezzo는 유네스코 세계문화유산으로 등재된 돌로미티Dolomiti 내에 위치한 아름답고 고전적인 알프스의 거점 도시이다.

코르티나 담페쵸는 1959년 제7회 동계올림픽이 열렸지만 작은 마을이다. 작은 마을 같은 도시이지만 다양한 즐길 거리와 요리를 맛보고 1년 내내 펼쳐지는 다양한 아웃도어 스포츠를 즐길 수 있다.

코르티나 담페초Cortina d'Ampezzo는 스키를 타면서 겨울 휴가를 보내는 스키타운Ski Town이었다. 하지만 최근에는 트레킹 같은 다양한 야외활동이 결합되어 항상 사람들로 북적이면서

겨울과 여름 모두 성수기가 되었다. 겨울은 스키의 천국이고 여름은 뜨거운 이탈리아를 벗어나 휴가를 보내는 사람들로 붐빈다. 여름에는 시원한 바람을 맞으며 장엄한 지형을 이용하여 케이블카를 타고 하이킹을 하거나 산악자전거를 즐기려고 찾는다. 다양한 하이킹과 트레킹 코스가 잘 발달되어 한나절부터 1달 이상 장기체류가 가능하다.

미주리나 호수 (Lago di Misurina)

트레치메 라바레도의 인근에 있는 호수로 소풍을 가거나 점심을 즐기며 호수의 풍경을 보는 것도 좋다. 이동하다가 보이는 미주리나 호수는 호수 입구에 큰 건물이 있다. 이 건물은 천식치료 센터로 호수가 보이는 아름다운 풍경으로 유명하다. 코르티나 담페쵸에서 약 30분 정도 차로 이동하면 볼 수 있기 때문에 찾는 관광객이 많다.

19 트레치메 디 라바레도 (Tre Cime di Lavaredo)

돌로미티 트레킹의 하이라이트는 트레치메 자연공원Parco natuale Tre Cime내 있는 트레치메를 한 바퀴 도는 코스라고 할 수 있다. '트레치메Tre Cime'란 세 개의 거대한 바위산을 일컫는 말이고 '라바레도Lavaredo'는 지명을 의미한다.

바위의 수직 높이만 600m에 달한다. 작은 봉우리란 의미의 치마 피콜로(해발 2,856m)와 가장 높은 봉우리를 의미하는 치마 그란데(3,003m), 동쪽에 있는 봉우리란 의미의 치마 오베스트(2,972m)가 나란히 붙어있다.돌로미티에서 가장 인기가 높은 곳으로 누구에게나 사진을 찍고 싶은 충동이 일어나게 만드는 장소이다.

트레치메는 코르티나에서 북동방향 자동차로 1시간 정도거리에 위치해 있다. 미주리나 호수를 중간에 볼 수 있다. 아우론조 산장Rifugio Auronzo은 트레치메 기점으로 차로 굽이진 길은 오올라 산장 앞에 서면 장엄한 풍경을 보고 울퉁불퉁한 산세가 눈앞에 사방으로 펼쳐진다.

트레킹

〉〉 5~6시간 코스
아우론조 산장에서 시작히여 트레치메(Tre Cime)를 한 바퀴 돌아 로카텔리 산장에 도착한다. 산장 앞에는 돌탑이 하나 세워져 있는데, 거기엔 산장을 세운 제프 이너코플러(Sepp Innerkopler)의 흉상이 새겨진 동판이 있다.

여기서 트레치메(Tre Cime)의 웅장하며 아름다운 풍광을 보고 다시 라바레도 산장을 거쳐 아우론조 산장으로 돌아오는 5~6시간 코스가 있다. 코스내 내 펼쳐지는 비경은 평생의 기억이 될 것이다.

〉〉 3~4시간
아우론조 산장에서 로카텔리(Rif. Locatelli) 산장을 왕복하는 코스로 대부분의 관광객은 이 코스를 주로 선택한다.

제프 이너코플러 (Sepp Innerkopler)
제프 이너코플러(Sepp Innerkopler)는 오스트리아의 산악부대를 이끈 사람으로 전쟁 중에 사망했다. 산장 주변에는 1차 대전 당시 이탈리아와 오스트리아가 싸운 흔적들이 남아 있다. 일명 산악 전쟁이라고도 하는데 이탈리아의 알피니 부대만 12만 명이 전사했다고 전해진다.

리카르도 카신 (Ricardo Casin)
이탈리아가 낳은 세계적인 등반가 리카르도 카신(Ricardo Casin)이 1930년대 돌로미테를 처음으로 등정하여 널리 이름을 떨친 세계적인 등반역사가 있는 곳이다.

Forcella Lavaredo
Rifugio Locatelli-Innerkofler
Avv. Ferr. De Luca-Innerkofler
101
Rifugio Lavaredo
Rifugio Auronzo
Misurina 
101

IF. LOCATELLI
REIZINNEN HÜTTE
101
MALGA GRAVA LONGIA
LANGALM
Tabella di orientamento - Orientierungstafel
Rif. Auronzo - Hütte   m 2320
Rif. Lavaredo - Hütte   m 2344
Rif. A. Locatelli - Dreizinnenhtt.   m 2405
Rif. Pian di Cengia - Büllelejochhtt. m 2595
Rif. Comici - Jsigmondyhtt.   m 2224
Bivacco De Toni   m 2570 - Rif. Carducci-Hütte
Die ferrate - Klettersteige
Tre Cime di Lavaredo - Drei Zinnen m 3000
Crode Passaporto - Passportenspitzen m 2704
M.te Paterno - Paternkofel m 2744
C. Tre Scarperi - Dreischuster Sp. m 3152
Crode Fiscaline - Oberbachern Sp. m 2675
Cr. del Toni - C. Dodici - Zwölferkofel m 3094
Cima Undici - Elferkofel m 3092

20 아우론조 산장 (Rifugio Auronzo)

트레 치메에 있는 3개의 산장 중 하나이다. 라가주오이 산장(Refugio Lagazuoi)은 케이블카로 접근이 쉽고, 아우론조 산장(Rifugio Auronzo)은 자동차로 접근이 쉽다. 이 산장에 주차를 하고 30분 정도를 걸어가면 라바레도 산장이 나오고 90분 정도를 더 걸어가면 로카델리 산장이 나온다. 그래서 이 산장을 따라 걷는 길이 트레킹 코스처럼 이용되고 있다.

21 브라이에스 호수 (Lago di Braies)

제2차 세계 대전 중에는 강제 수용소 수감자들을 티롤로 이송하는 목적지였다. 해발 1,500m, 프라그스 계곡Prags Valley 에 위치한 브라이에스 호수Lago di Braies는 카레자 호수와 함께 돌로미티를 대표하는 3대 호수로 알려져 있다. 호수는 관광객에게 인기가 높아져 '알프스의 진주'라는 별명을 얻었지만, 2020년 현재 여름 하루에 17,000명이 방문할 정도로 관광이 과도해졌고, 2023년 여름부터 차량 접근이 제한되었다 .

Milano

밀라노

밀라노

MiLANO

이탈리아 롬바르디아 주도인 밀라노Milano는 국제적인 문화로 정의되는 활기 넘치는 대도시이다. 전 세계에 패션의 중심지로 알려진 밀라노는 이탈리아 금융의 중심지이기도 하다. 밀라노는 제2차 세계대전을 치르면서 일부 파손되었지만 수없이 많은 고대의 아름다운 기념물을 간직하고 있다.

인구가 500만 명이 넘어 유럽 최대 규모의 도시이기도 한 세련된 이탈리아 북부 수도인 밀라노를 거닐면서 예술적인 문화유산과 패션, 세계 최대 규모의 교회까지 즐겨볼 수 있다.

시내에서 중심은 대부분 ZTL 구역이다. 그 대안으로 밀라노는 ZTL 통행 스티커를 만들어 판매하고 있다. 월~금요일 7시 30분~19시 30분(목요일 18시) 제한 시간이 있으므로 낮에는 근처의 주차장에 주차를 하고 여행을 하거나 숙소에 차량을 두고 대중교통을 이용해 여행하는 것이 낫다.

여행 계획 짜기

밀라노는 이탈리아 북부의 산업도시로 도시 자체는 크지만 관광도시로 볼거리는 상대적으로 많은 편은 아니다. 그래서 1일 여행이 충분히 가능하다. 밀라노 여행은 두오모 광장에서 시작하게 된다. 이곳에서 스포르체스크 성, 성 다빈치 박물관, 스칼라 극장 등의 볼거리는 대부분 1㎞ 이내에 밀집해 있다.

두오모 광장에서 둘러보고 스칼라 극장과 스포르체스크 성을 둘러보면 최후의 만찬이 있는 산타 마리아 델레 그라치에 교회와 다빈치 박물관을 본다. 중앙역에서 두오모 광장까지는 거리가 짧지 않으니 메트로나 트램을 이용하면 편리하다.

About 밀라노

최첨단 패션의 도시

이탈리아의 경제 중심지인 밀라노는 유행을 선도하는 패션과 디자인의 도시이다. 로마가 고대의 유산을 그대로 간직한 관광도시라면 밀라노는 과거를 바탕으로 현대적인 새로움을 추구하는 산업도시라 할 수 있다.

문화의 도시

밀라노는 문화의 도시이기도 하다. 세계 최고의 오페라 무대인 스칼라 극장과 이탈리아 르네상스의 대표작 두오모, 레오나르도 다빈치의 불후의 명작인 '최후의 만찬'도 밀라노에서 볼 수 있다.

건축의 도시

도시 중심에는 '두오모Duomo'라고 알려진 밀라노 대성당이 있다. 밀라노 대성당은 세계에서 가장 큰 교회로, 밀라노 최고의 인기 관광명소이다. 두오모 광장 건너편에는 다 빈치가 그린 '최후의 만찬' 속 배경인 교회와 수도원, 산타 마리아 델 그라치에가 있다. 산 마우리치오 교회에는 유명한 프레스코화와 밀라노 고고학 박물관이 있다.

미술의 도시

종교적 배경 지식이 없어도 예술품을 감상하는 데에는 문제가 되지 않는다. 아름다운 빌라 레알레에는 일반 대중을 위한 밀라노 최고의 갤러리가 2곳 있다.

현대미술관에서 현존하는 최고 예술가의 작품을 감상하거나, 바로 옆에 자리 잡은 현대 미술 박물관에서 19~20세기의 명작을 감상할 수 있다. 여기에서 잠깐만 걸으면 라파엘과 카라바지오의 작품을 관람할 수 있는 브레라 미술관이 나온다.

미식의 도시

리소토와 파스타를 맛보거나, 어느 거리에나 있는 피자나 젤라토를 즐길 수 있다. 라 스칼라 극장에서 오페라를 감상한 뒤 나비글리 야간 엔터테인먼트 지구에서 신선한 공기를 마시며 현지인들과 어울리는 것도 좋다. 따스한 밀라노의 여름밤이나 겨울에 이탈리아 알프스로 여행을 떠나 스키와 스노보드를 즐기는 것은 현지인들이 항상 즐기는 방법이다.

밀라노는 국제적인 교통의 요충지로 항공, 열차, 버스로 충분히 연결되고 있다. 대한민국에서는 대한항공이 직항을 운행하고 있고, 다른 유럽 항공사들도 경유로 이용이 쉽게 가능하다. 공항은 말펜사Malpensa와 리네이트Linate 두 곳이 있다.

말펜사 공항은 국제선이 취항하고, 리네이트는 국내선과 저가항공사가 운행한다. 말펜사 공항에서 밀라노 시내의 북역까지는 열차가 새벽 5시부터 밤 23시까지 운항하고 있어 시내로 이동하기에는 어렵지 않다.

공항에서 렌트를 하고 싶다면?

밀라노 공항은 작은 공항이 아니다. 국제적인 공항이라 렌터카들이 상당히 큰 공간에서 손님을 맞이할 준비를 한다. 공항에서 나와 왼쪽으로 이동하면 렌터카Rent Car라고 씌어 있으므로 이동하면 쉽게 찾을 수 있다.
밀라노를 처음으로 관광하고 이동할 예정이라면 밀라노 시내에서 차를 받는 것이 좋고 밀라노를 나중에 돌아와서 볼 예정이라면 밀라노 공항에서 차를 받아서 시내를 벗어나는 것이 운전하기가 수월하다.

시내 교통

밀라노의 대중 교통수단은 트램, 버스, 메트로가 있으며 승차권도 공용으로 사용할 수 있어 편리하다. 6시부터 밤24시까지 운행하는 지하철은 1~3까지 3개의 노선이 있는 데, 두오모 광장, 중앙역 등 주요 관광지를 연결해주고 있다.

시내를 중심으로 구역별로 나뉘어 교통요금은 복잡할 수 있다. 싱글 티켓은 1회만 탑승이 가능하고 버스나 트램은 해당 승차권의 유효시간에 따라 75분, 90분 동안은 제한 없이 사용이 가능하다.

두오모
Duomo

도시의 상징처럼 여겨지는 두오모를 보는 것으로 밀라노 여행을 시작된다. 시내 중심에 우뚝 솟아 있는 두오모의 웅장함과 화려함 때문에 여행자는 압도당한다. 고딕 건축의 걸작인 성당은 135개의 첨탑이 하늘을 찌르고 3,000개가 넘는 입상이 외관을 장식하고 있다.
두오모는 1386년 비스콘티 공작의 명에 따라 만들어지기 시작하여 19세기 초에 완성되었다. 바티칸의 산 피에트로 성당, 런던의 세인트 폴 성당, 쾰른의 대성당에 이어 세계에서 4번째로 큰 성당이다.

내부에는 15세기에 만들어진 화려한 스테인드글라스는 여행자들의 눈길을 잡아끈다. 보물관에는 4~12세기의 각종 보석들이 보관되어 있다. 엘리베이터나 계단을 통해서 두오모의 전망대에 오를 수 있는 데, 날씨가 맑다면 시가지부터 이탈리아 알프스까지 볼 수 있다. 반바지나 소매가 없는 옷을 입으면 입장할 수 없다. 두오모 앞의 광장에는 이탈리아를 통일한 비토리오 엠마누엘레 2세의 기념상이 있다.

스칼라 극장
Teatro Scala

명성에 비하면 외관이 볼품없어 실망할 수도 있지만 성악가라면 누구나 한 번은 무대에 서보고 싶어하는 세계적인 오페라 극장이다. 1776년에 당시 밀라노를 지배하던 오스트리아의 여제였던 마리아 테레지아의 명에 의해 세워진 것으로 제2차 세계대전에서 파괴되었다가 1946년에 복원되었다.

베르디의 '오베르토', 푸치니의 '나비부인'을 비롯해 많은 오페라가 초연된 역사적인 극장이다. 2,600명을 수용할 수 있는 내부는 붉은 카펫과 샹들리에로 화려하게 장식되어 있다.

산타 마리아 델레 그라치에 성당
Chiesa di Santa Maria delle Grazie

밀라노에서 가장 많은 관광객이 찾는 관광지이다. 두오모에 비하면 평범하고 수수하지만 레오나르도 다빈치의 명작인 '최후의 만찬Cenacolo Vinciano'가 있기 때문이다.

1498년에 그린 이 그림은 객관적 사실과 정신 내용을 훌륭하게 융합시켰다는 평을 듣고 있다. 내부의 습기 때문에 손상되어 1977년 복원 작업에 들어간 지 22년 만에 복원 작업을 마치고 다시 일반에게 공개되었다. 한번에 볼 수 있는 인원이 제한되어 있다.

브레라 미술관
Ponacoteca di Brera

원래 수도원과 성당으로 쓰이던 웅장한 건물로 17세기 중엽 리키니외 설계로 만들어졌다. 1809년 당시 밀라노를 지배했던 나폴레옹의 명에 따라 미술관이 되었다.

이 미술관은 바티칸 미술관과 우피치 미술관에 이어 이탈리아의 대표적인 미술관으로 르네상스에서 19세기에 이르는 다수의 회화를 소장하고 있다. 주요 작품으로는 만테냐 최고의 걸작인 죽은 그리스도, 틴토레토의 성 마르코의 기적, 르네상스의 3대 거장인 라파엘로의 '성모 마리아의 결혼, 베르니니의 피에타, 피에르 델라 프란체스카의 성모자 등이 있다.

카스텔로 스포르체스코
Castello Sforzesco

중세 밀라노의 유력 가문이었던 비스콘티 공작 집안의 요새 겸 성이었으나 15세기 밀라노의 영주였던 스포르자가 확장하여 현재의 모습을 갖추었다.
성의 설계에는 레오나르도 다빈치도 참여했으며 지금은 박물관으로 쓰이고 있다. 성의 입구로 들어서면 곳곳에 조각품이 전시되어 있다.
1층의 14~15전시실에는 미켈란젤로가 죽기 3일전까지 작업했으나 완성을 못한 '론다니니 피에타'가 있다. 8전시실에는 레오나르도 다빈치의 프레스코화가 전시되어 있다.

레오나르도 다빈치 국립 과학 기술 박물관

Museo Nationale della Scienza e della Tecnia Leonardo da Vinci

1953년 레오나르도 다빈치의 기념 전시회가 열린 것을 계기로 설립된 과학기술관, 기념관, 철도관, 교통관의 3부분으로 나뉘어 증기기관차, 비행기 등을 전시하고 있다. 해상교통, 자동차와 기차의 발전 등을 보여주는 전시물들이 많다. 입구의 대 전시홀에는 레오나르도 다빈치가 발명한 각종 물건이 전시되어 있다.

Cinque Terre

친퀘테레

친퀘테레

CINQUE TERRE

이탈리아 리비에라 지방, 리구리아 주에 자리하고 있는 매혹적인 5개 도시로 이루어진 지역이 친퀘테레Cinque Terre이다. 그림 같은 고기잡이 항구와 반짝이는 지중해의 바닷물에서 눈을 돌리면, 언덕 위에 자리 잡고 있는 파스텔 색의 중세 양식의 건물들을 계단식 포도원과 올리브나무 숲이 감싸고 있다. 아름다운 항구와 멋진 풍경이 펼쳐지는 산책로, 유서 깊은 건물들과 반짝이는 지중해는 친퀘테레Cinque Terre가 이탈리아 리비에라 지방의 보석인 이유이다.

5개의 마을 안으로 차량은 진입이 불가능하다. 시내 자체가 ZTL 구역이기 때문에 입구에 주차를 하고 여행을 시작해야 한다. 기차로 여행을 한다면 라 스페치아역이나 레반토 역에 주차를 하고 기차여행을 해야 한다. 각 마을 앞의 주차장에 주차를 하고 여행을 할 수 있으나 시간이 많이 소요되고 각 마을마다 이동하는 도로가 구불구불 이어지므로 천천히 이동해야 한다.

친퀘테레Cinque Terre는 지역 전체가 국립공원이자 해양보호 구역일 뿐 아니라, 세계적으로도 '인류의 공동 유산'으로 지명되어 보존되고 있다. 그래서 마을들은 개발을 거치지 않고 로마 시대로부터 전해져 내려온 전통을 보존하고 있다.

가장 큰 마을인 몬테로소 알 마레Montersso al marre의 해변에서 일광욕을 즐겨 보자. 코르닐리아Corniglia 마을의 계단을 올라 미로와 같은 골목길을 거닐다 보면 14세기 교회당과 멋진 전망대가 나온다. 마나롤라Manaola 마을은 친퀘테레를 대표하는 풍경으로 유명한 사진 마을이다. 리오마오레Riomaggiore의 항구의 식당에서 유명한 친퀘테레 해산물 요리를 즐겨 보는 것도 추천한다.

하이킹

해안을 따라 각 마을을 연결하는 길들은 아름다운 풍경을 선사한다. 날을 잡고 몬테로소 알 마레Montersso al marre에서 리오마조레Riomaggiore까지 걸어가보자. 마나롤라Manarola와 리오마조레를 잇는 연인의 길Biadelamor는 포장이 잘 돼 있어 걷기에 좋을 뿐 아니라 휠체어가 이동하기에도 좋다.

철도

라스페치아와 레반토는 철도로 연결되어 있다. 친퀘테레 카드를 구입하면 기차의 탑승과 산책로를 무제한으로 즐길 수 있다.

4~10월까지는 코르닐라Corniglia를 제외한 모든 마을 사이를 여객선이 오간다. 주차는 마을 밖에만 가능하며, 마을 안까지는 무료 셔틀 버스를 이용해야 한다.

구간	거리	열차 이동 시간	하이킹 시간	하이킹 난이도
리오마조레 ↔ 마나롤라	1km	3분	20분	하
마나롤라 ↔ 코르닐리아	2.8km	4분	1시간	중
코르닐리아 ↔ 베르나차	3.4km	4분	1시간 30분	중~상
베르나차 ↔ 몬테로소	3.8km	5분	2시간	상

친퀘테레 카드

5개의 친퀘테레 마을을 둘러보는 것을 도와주는 카드이다. 카드의 구입은 라스펠리아 역을 포함한 5개 마을의 기차역에서 구입이 가능하다. 친퀘테레 카드와 트레킹과 기차로 이동하는 트레노 카드가 있다. 친퀘테레 카드를 구입하면 기차 시간표도 같이 받을 수 있다.

기본 카드는 산책로, 에코 버스, 와이파이를 사용할 수 있고 기차 카드는 라스페치아부터 친퀘테레 5개 마을을 거쳐 레반토 구간까지의 기차 2등석을 이용할 수 있다.

리오마조레
Riomaggiore

이탈리아 출신의 화가 텔레마코 시뇨리니가 영감을 받았다고 알려진 곳이다. 절벽 바위 위의 빨강, 노랑, 분홍의 파스텔톤 집들이 이국적인 느낌을 준다. 해안선을 따라 절벽길에는 사랑의 샛길이라고 부르는 델아모레가 있고 리오마조레와 마나롤라를 연결하고 있다.

몬테로소 알 마레
Montersso al Mare

친퀘테레에서 가장 북쪽에 위치한 마을이자 규모가 가장 큰 마을이다. 기차역도 있지만 자동차로 주차를 하고 걷거나 기차를 타고 다른 마을로 이동하는 거점 마을역할을 한다.

여름에는 해변을 즐기려는 사람들로 항상 북적이고 축제도 이곳의 광장에서 이루어진다. 친퀘테레를 대표하는 마을이지만 사진에는 다른 마나롤라 마을이 나와 이곳 주민들은 불만을 나타내기도 한다.

마나롤라
Manarola

절벽 위에 상자들을 촘촘하게 쌓아놓은 것 같은 동화같은 마을이다. 포도주 생산이 유명한데 '델아모레'를 따라 포도밭과 산길이 이어져있다. 14세기에 건설된 산 로렌초 성당을 볼 수 있다.

코르닐리아
Corniglia

코르닐리아Corniglia는 친퀘테레Cinque Terre 트레일 중간에 있는 마을로, 5개 마을 중 유일하게 해안에 바로 인접해 있지 않은 마을이다.

항구가 없어 코르닐리아는 바다보다는 내륙에 붙어 있는 것처럼 보인다. 반짝이는 푸른 바다가 내려다보이는 절벽 높은 곳에 붙어서 자리한 파스텔 색의 집들이 인상적이다.

기차로 코르닐리아Corniglia에 도착하면 마을의 중심까지 이어지는 377개의 지그재그 계단을 마주하게 된다. 라르다리나 계단Scalinata Lardarina은 트랜이탈리아Trenitalia 역부터 정상까지 이어진 계단으로, 리구리아 해Ligurian Sea의 맑고 아름다운 풍경을 볼 수 있다. 종종 멈춰서 옆 마을인 마라롤라Manarola까지 한눈에 펼쳐지는 멋진 풍경을 사진에 담는 관광객이 대부분이다.

베르나차
Vernazza

1080년에 출몰하는 해적의 침략을 막기 위해 해군의 거점으로 삼았던 마을이다. 이후에는 항구, 함대, 군인들이 머무르는 군사 마을로 인식되던 곳이다.
다른 마을들과 마찬가지로 포도주 생산이 유명하다. 항구는 작지만 파스텔톤의 집들이 조화롭게 오밀조밀 모여 있다.

해적의 침입을 막기위해 도리아성Castello dei Doria이 서 있고 벨포르테 탑도 지금은 전망대이지만 적의 침입을 알려주는 역할을 수행했다.

Verona

베로나

베로나

VERONA

베로나의 생기 넘치는 문화와 그림처럼 아름다운 거리를 구경하다보면 낭만적인 도시와 사랑에 빠지게 될 것이다. 거대한 원형 극장에서 오페라를 감상하고, 시장 광장에서 맛있는 이탈리아 음식도 맛보면서 셰익스피어가 로미오와 줄리엣의 배경으로 베로나를 선택한 이유를 생각해 볼 수 있다.

베로나는 풍부한 문화와 아름다운 건축물, 맛있는 현지 음식으로 유명한 이탈리아의 떠오르는 관광 도시이다. 셰익스피어가 로미오와 줄리엣의 배경으로 삼은 곳으로 유명하여 시내 거리만 걸어도 낭만이 느껴지는 것 같다. 베로나에 들어서면 바로 브라 광장이 나온다. 베로나로 들어가는 관문인 광장에는 레스토랑, 바Bar와 관광지가 주위에 늘어서 있다. 광장, 동쪽에는 이탈리아에서 가장 큰 원형 극장인 아레나 디 베로나가 있다. 환상적인 오페라 공연을 보면서 옛 시절에 만든 탁월한 음향 시설에 감탄하게 된다.

베로나 거리는 자갈이 깔린 거리이기 때문에 걸어서 여행하기에 좋은 도시이다. 이탈리아의 오래된 중세도시와 달리 언덕이 별로 없고 평평한 오솔길이 많아서 누구나 편하게 도시를 둘러볼 수 있다. 카스텔베키오 박물관은 유서 깊은 성에 다양한 예술 작품이 소장되어 있고, 베로나 성당에서는 아름다운 건축 양식에 감탄하지만 베로나의 주교가 진행하는 아침 미사에도 참석하면 머리가 경건해지는 현상에 감탄하게 된다.

매일 재래시장이 열리는 중앙 광장, 에르베 광장에서 활기찬 분위기를 아침에 느껴보자. 시장에서 신선한 현지 농산물을 골라, 돌아와 직접 음식을 만들어 맛있는 식사를 한끼 해결해도 좋다. 베로나는 쌀로 만드는 북부 이탈리아 요리로 유명하다. 현지 '버섯과 트러플'을 이용한 리조토가 관광객의 사랑을 받고 있다.

줄리엣 하우스에 가면 셰익스피어가 로미오와 줄리엣의 배경으로 사용한 곳을 볼 수 있다. 줄리엣의 발코니에서 로미오와 줄리엣의 한 장면을 재연하면서 사진으로 남기는 관광객은 좋은 추억이 만들고 있다.

산 피에트로 성
피에트라 다리
로마 극장
두오모
폰테 가리발디
산타 아나스타시아 성당
시뇨리 광장
에르베 광장
라지오네 궁전
람베르트 기념탑
폰테 델라 비토리아
폰테 누우보
줄리엣의 집
카스텔베키오 다리
폰테 델레 나비
아레나
브라 광장
시청
그란 과르디아 궁전

브라광장
Bra Square

베로나에서 관광객이 가장 많이 찾는 브라 광장에는 고급 레스토랑과 바는 물론 클래식한 건축물들도 많이 보인다. 브라 광장은 베로나에서 가장 큰 광장으로 베로나 사람들의 일상 생활을 구경하기에 좋은 장소이다. 도시의 문 안에 위치한 광장은 베로나에 도착한 사람들을 가장 먼저 반겨주는 곳이다. 브라 광장에는 레스토랑과 바가 밀집되어 있어 항상 사람들로 북적인다.

광장은 상당히 커서 이탈리아에서 제일 큰 광장이라고 말할 정도이다. 베로나를 처음 방문하시는 관광객은 관광의 시작점으로 브라광장만큼 좋은 곳은 없다. 광장에는 거대한 아레나 디 베로나가 우뚝 서 있다. 한때 로마의 검투사들이 싸움을 벌였던 원형 극장은 폴 메카트니, 라디오헤드, 원디렉션 등 유명 뮤지션들이 공연하면서 베로나에서 가장 인기 높은 명소가 되었다.

광장을 지나 그란 과르디아 궁전에 가면 인상적인 17세기 건축물이 나온다. 광장의 남쪽에 위치한 궁전에는 한때 도시의 보초들이 거주했다고 한다. 브라 광장의 중심을 관통하는 핑크색의 대리석대로에는 비토리오 에마누엘레 2세의 기마상이 있다. 베로나의 자매 도시인 뮌헨이 선물한 알프스 분수도 보인다.

점심과 저녁에는 시민들이 만나는 만남의 장소가 되어, 테이블에 자리를 잡고 앉아 맛있는 현지 와인과 요리를 즐기는 장면을 곳곳에서 볼 수 있다. 이탈리안 살라미를 넣은 리조토는 베로나의 특산 요리이니 꼭 주문해 보자.

동부 피요르
The East fjords

한때 로마의 검투사들이 서로 죽을 때까지 싸웠던 유서 깊은 경기장에서 오페라, 록 콘서트, 연극 등을 볼 수 있는 장소이다. 베로나 스카이라인을 구분짓는 아레나 디 베로나는 세계 최대 규모의 로마 원형 극장이다. 기원 후 30년에 지어진 경기장은 베로나에서 가장 오래된 건물로 규모가 엄청나다. 매년 500,000명 이상의 베로나를 찾는 관광객이 놀라운 건축물에 압도당하면서 관광을 시작하게 된다. 온종일 원형 극장은 다채로운 빛깔을 띠는 것을 보면 한 번 더 놀라게 된다.

아레나 디 베로나는 흥망의 역사를 간직한 곳이다. 12세기에 베로나에 지진이 발생하여 경기장 건물의 4층 대부분이 소실되었다. 1913년 현지 오페라 가수인 '지오반니 제나텔로'가 경기장에서 야외 콘서트를 열면서 이곳은 다시 과거의 영광과 인기를 되찾게 되었다.

해가 지면 관중석에 촛불이 켜지면서 콘서트가 시작된다. 지금도 절묘한 음향 시설을 가진 원형 경기장에서 열리는 오페라 공연을 감상하기 위해 전 세계 사람들이 아레나 디 베로나를 찾고 있다. 무대에서 가장 먼 좌석에서도 모든 울림을 들으실 수 있다는 사실에 놀라게 된다.

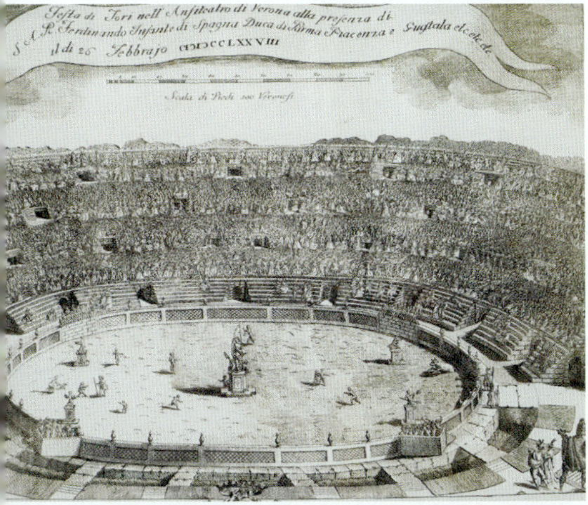

콘서트 티켓

매년 열리는 콘서트 티켓은 조기에 매진되므로 미리 티켓을 예매해야 볼 수 있다. 공연 시작 직전에 일부 티켓을 내놓기도 하므로 발품을 팔아 티켓을 구입할 수도 있다. 푹신한 좌석에 앉으려면 1층 좌석이 좋고, 현지인들과 어울려 돌계단 좌석에 앉아 콘서트를 구경해도 좋다.

에르베 광장
Piazza Erbe

언제나 활기가 넘치는 베로나의 중심에 위치한 에르베 광장에는 매일 시장이 열리며 베로나 최고의 레스토랑들이 몰려 있다. 광장 중심에는 매일 시장이 열리며 길가의 레스토랑, 바, 카페에는 야외 테이블과 의자가 놓여 있다. 시장 상인들이 손님을 부르는 시끌벅적한 분위기에서 이탈리아 전통 에스프레소를 마시며 광장을 둘러싼 건물들과 다양한 관광객을 볼 수 있다. 잠시라도 들러서 커피를 마시거나 저녁에 현지 요리와 함께 여행의 여유를 느낄 수 있다.

로마 시대 이후로 에르베 광장은 베로나 시민들에게 만남의 장소로 사용되어 왔다. 베로나의 많은 거리는 바로 광장과 이어지고 있다. 베로나의 대표적 엔터테인먼트 지역 중 하나인 이 에르베 광장에는 현지인들이 찾는 맛집들이 많다. 트러플 리조토와 바삭한 브루스케타는 인기 메뉴이다.
광장에 있는 시장에는 매일 저렴한 가격이라고 외치는 행상들이 신선한 농산물을 판매하고 있다. 구입을 하지 않아도 시장을 천천히 둘러보며 기념품 쇼핑도 즐기는 것도 좋은 방법이다. 광장에서 가장 눈에 띄는 건물은 바로크 양식의 팔라초 마페이이다. 근처에는 토레 델 가르델로 역사가 14세기로 거슬러 올라간다.

도시의 위용을 상징하는 날개달린 사자상과 광장의 한복판에는 에르베 광장의 중앙부 장식과 같은 마돈나 베로나 분수가 있다.

줄리엣 집
Casa di Giulietta

로미오와 줄리엣의 주인공이 살았다는 줄리엣 하우스에서 사랑하는 연인에게 낭만적으로 사랑을 고백하는 현장을 가끔 볼 수 있는 낭만적인 장소이다. 베로나의 유서 깊은 저택에서 로미오와 줄리엣의 애틋한 사랑 이야기를 보고 싶다면 재연해도 좋다. 옆의 관광객은 박수를 치면서 용기를 북돋아 줄 것이다.

로미오와 줄리엣의 주인공 중 한 명인 줄리엣이 살았던 집이라고 알려진 저택은 다양한 사진과 유물이 전시된 줄리엣 박물관으로 변화해 사용되고 있다. 줄리엣 하우스는 연인들이 찾는 인기 장소로 사랑하는 사람에게 낭만적인 사랑을 고백하기에 좋다.

줄리엣 하우스의 풍경

1. 줄리엣 하우스의 문에는 사랑의 증표로 자물쇠를 걸어놓은 것도 볼 수 있다. 자물쇠에 이름을 적으면 사랑하는 이와의 관계가 오래도록 지속된다고 믿게 된다.

2. 줄리엣 하우스로 이어지는 터널의 벽에는 사랑의 표현이 담긴 수백 개의 쪽지가 꽂혀 있다. 양옆의 짧은 터널 벽에 다양한 사랑의 메모들이 붙어있고, 터널을 지나 더 앞으로 이동하면 가운데 줄리엣의 동상이 서 있다.

3. 줄리엣의 동상 중 가슴을 손으로 만지면 행운이 온다고 한다. 이 작은 마당에는 로미오가 서서 줄리엣을 불렀다는 곳이 표시되어 있다. 발코니에 올라가 로미오와 줄리엣의 장면을 재연하는 커플을 많이 볼 것이다.

박물관

줄리엣의 집안인 카풀레티 가문에 대한 다양한 사진과 유물이 전시되어 있다. 기념품 가게에서는 로미오와 줄리엣을 테마로 하는 다양한 기념품을 구입하실 수 있고요. 줄리엣 하우스에서 멀지 않은 곳에 줄리엣의 무덤이 있다. 베로나의 여러 명소를 입장할 수 있는 베로나 카드를 구입하면 할인을 받을 수 있다.

산타 아나스타시아 성당
Basilica di Santa Anastasia

베로나의 대표적인 성당인 베로나 성당은 12세기에 지어진 이후, 다양한 건축 양식을 가진 역사적인 성당이다. 베로나에서 가장 신성한 장소로 여겨지는 베로나 성당에는 매년 수천 명의 방문객이 찾아와 기도를 드리고 아름다운 건축물을 감상한다.
당 안에는 작은 예배당이 있고 둥근 아치형의 천장에는 감탄이 절로 나오는 프레스코화가 그려져 있다. 멋진 조각 장식도 많아서 그림을 감상하기에도 좋지만 베로나의 주교가 집도하는 오전 미사에 참여하고 예배당에서 조용히 사색을 즐기면 만족스러운 경험이 될 것이다.

1117년 지진으로 파괴된 중세 시대 교회 위에 지어진 12세기 건물이지만 성당의 외관과 내부는 여러 차례 새로 보강되었다. 베로나 성당 주변을 거닐면 공사 과정에서 사용된 여러 건축 양식을 볼 수 있다. 교회 입구에는 수호신 동상이 여러 개 있어요. 높은 아치형 천장을 올려다보면 섬세한 르네상스 양식의 벽과 지붕을 감상할 수 있다. 성당의 정면은 고딕

양식의 창문이 꾸며주고 있고, 3개의 통로 사이로는 붉은색의 베로나 대리석으로 만든 기둥들이 보인다.

신도석을 따라 나 있는 3개의 통로 중 첫 번째 통로를 따라가면 성당 왼편의 작은 예배당인 카펠라 니케졸라가 나온다. 안으로 들어가면 티치아노의 성모 승천을 표현한 거대한 르네상스식 프레스코화를 만난다. 성당을 관통하여 계속 가면 성인 아가타의 석관이 있는 예배당을 포함하여 여러 다른 예배당을 볼 수 있다. 산 지오반니의 세례장도 구경하고 한 덩어리의 대리석을 깎아 만들었다는 세례반도 살펴보자. 세례장 옆에는 로마식 모자이크로 꾸며진 아담한 성녀 헬레나 예배당이 있다.

베로나 성당에는 주중 내내 미사가 열리므로 미사 시간에 방문하면 다른 사람들에게 방해가 되지 않도록 조심해야 한다.

Sirmione
시르미오네

면적 370km²에 이르는 시르미오네Sirmione는 바다로 착각할 만큼 넓고 맑은 호수로 이탈리아의 3대 호수 중 하나이다. 가르다 호수의 남쪽 데센자노 델 가르다Desenzano del Garda와 페스키에라 델 가르다Peschiera del Garda의 사이에 있다. 북부 이탈리아의 롬바디리다Lombardy 지역에 있는 브레시아Brescia 지방에 속한다.

시르미오네에 가까이가면 성곽이 보이고 그 앞에 주차장이 있다. 반드시 이곳에 주차를 하고 여행을 해야 한다. 시내가 ZTL 구역이므로 차량은 진입이 불가능하다.

간략한 시르미오네 역사

기원전 1세기부터 시르미오네를 포함한 가르다 지역은 이탈리아 북동부의 로마 주요 도시였던 베로나에서 온 부유한 귀족들이 좋아하는 휴양지가 되었다.

로마 시대, 기원후 500년에 호수 남쪽을 방어하는 거점이 되었다. 로마가 멸망한 후, 롬바르드 족이 이탈리아 북부를 정복한 후에 도시는 왕에게 직속된 수도로 발전했다.

시르미오네의 매력

알프스 남부의 빙하로 생긴 가르다 호수를 따라 기원전 100년 전부터 귀족들의 별장지로 형성된 마을이다. 만년설 알프스도 있지만 호수 아래에 있는 유황 온천수로 인해 지금은 유럽인들의 휴양지로 유명하다. 빙하의 영향으로 독특한 코발트와 에메랄드 물 빛깔을 가지고 있어, 지금도 사랑받고 있다.

시르미오네 풍경

조용히 흐르는 평온한 가르다 호수 위에 호숫가 주변에는 일광욕을 즐기는 사람들과 유유
자적 호수를 떠다니는 백조와 오리들을 보면 스위스의 넓디넓은 호수가 생각날 정도도 크
다. 자유롭고 평화로운 호수 휴양지에서 자신을 생각해 보고 구시가지로 발길을 옮기면 활
기찬 분위기에 사람들을 보고, 많은 호텔과 레스토랑, 카페, 다양한 상점들이 가득하여 어
디서나 먹고 마시면서 쉴 수 있다.

그로테 디 카톨로
산 피에트로 교회
노천 온천
빌라 고르티
카톨로 온천
산 살바토레 수도원
스칼리제라성
안내소
정류장

한눈에 시르미오네 파악하기

같은 반도에는 물로 둘러싸인 상징적인 스칼리제라 성Scaligera Castle이 있다. 모퉁이 탑을 보고 도개교를 가로질러 성으로 들어갈 수 있다. 이동식 다리를 거쳐 성문으로 들어가면 왼쪽에는 아주 작은 산타 마리아 교회가 있고 그 앞으로 스칼리제라 성이 올려다 보이는 광장이 나온다. 어둠이 깔리기 시작하면 푸른 하늘과 어우러져 신비스러운 모습을 볼 수 있다.

8세기에 지어진 산 피에트로 교회Church of San Pietro를 비롯해 15세기에 지어진 산타마리아 마조레Santa Maria Maggiore도 아름답다. 성과 로마 유적지 이외에 시르미오네에는 온천이 있다. 호수의 온천으로부터 온수 수영장을 연결하는 아쿠아리아 스파 & 웰니스 센터Aquaria Spa and Wellness Center는 귀족들의 별장을 개선한 것이다.

가르다 호수
Lake Garda

시르미오네Sirmione는 성과 교회가 자리한 중세의 별장지로 다양한 고고학 유적지와 온천을 살펴보고 호숫가에서 걸으며 고풍스러운 느낌을 받을 수 있다.
이 지역은 기후가 쾌적해 겨울에도 온화하여 해를 쬐기 좋고, 여름에는 상쾌한 미풍이 불어 윈드서핑을 타기 적당하다. 호수에는 바다처럼 요트와 작은 배들이 다니고 여유롭게 산책을 즐기는 사람들을 볼 수 있다.

구시가지
Old Town

그림처럼 아름다운 풍경을 볼 수 있는, 구시가지는 호수 쪽으로 튀어나온 시르미오네 반도에 위치한다. 북쪽에는 카툴루스 그로토^{Grotto of Catullus}의 유적이 있다. 로마 시대 별장의 흔적을 확인할 수 있고 호수 풍경을 사진에 담는 관광객들도 쉽게 볼 수 있다.

시르미오네 산책로
Sirmione walk road

스칼리제라 성 뒤쪽 구시가지로 2분 정도 걸어가면 파도 소리 들으며 걷는 산책로를 만날 수 있다. 산책로를 따라 걸어가면 시르미오네 반도를 돌 수 있게 형성되어 있다. 걷다보면 유황 냄새가 나기도 한다.

시르미오네의 산책로를 둘러보고 구시가지를 발길 닿는 곳마다 걷다보면 호수의 전경이 자신을 멈춰 세울 것이다. 도보로 이동이 가능하고 마주하는 예쁜 건물들로 산책하는 재미가 쏠쏠하다. 모두 보려고 한다면 5시간은 소요될 정도로 볼거리가 많다.

스칼리제라 성
Castello Scaligero di Sirmione

길고 좁은 반도로 툭 튀어 나온 시르미오네로 들어가려면 스칼리제라[Scaligera] 성문을 통과해야 한다. 13세기 시르미오네를 통치하고 있던 스칼라 가문이 요새화시킨 스칼리제라 성은 사면이 가르다 호수에 잠겨 있는 호수 위에 세워진 요새로 잘 보존된 이탈리아 성이다. 가르다 호수를 지배하기 위해 함대를 주둔시키고 무기를 저장하기도 했고, 선창을 만들어 배를 보호하고, 벽과 탑들은 적을 살필 수 있는 감시탑 등 방어에 뛰어난 구조로 지어졌다. 총 쏘는 구멍을 가진 벽으로 건축되어 있는 것을 보면 15세기 이후로 탑이 공격에 사용하기 위해 구멍을 만들어 사용되었다는 것을 알 수 있다. 지금은 성곽 전망대에서 내려다보는 시르미오네 전망은 매력적이다.

⊕ www.lombardia.beniculturali.it 🏠 Piazza Castello, 34
⊙ 8시 30분~19시 30분(화~토요일 / 일요일 13시 30분까지 / 월요일 휴무 / 30분 전에 입장 가능)
€ 13€

그로테 디 카툴로
Geotte di Ctullo

시르미오네 반도의 최북단에 위치한 로마 시대 별장의 터를 마주하면 감탄사가 절로 나온다. 호화로운 건축물을 보다보면 가르다 호수에서 발견된 비너스 상을 보러 가는 것도 추천한다. 돌 틈, 모래 바닥 위에서 코를 찌르는 유황냄새와 뜨거운 온천수가 나오는 온천은 로마시대부터 귀족들에게 사랑받아왔다. 피로를 풀고 싶다면 앉아서 온천수에 발을 담그고 풍경을 바라보면서 육체적인 피로와 정신적인 피로를 풀면 좋다. 의외로 뜨거워 오래 앉아 있기는 힘들 것이다.

🏠 Grotte di Catullo, Piazza Orti Manara 4　🕗 8시 30분~19시 30분(일요일 18시|30분까지)　€ 12€

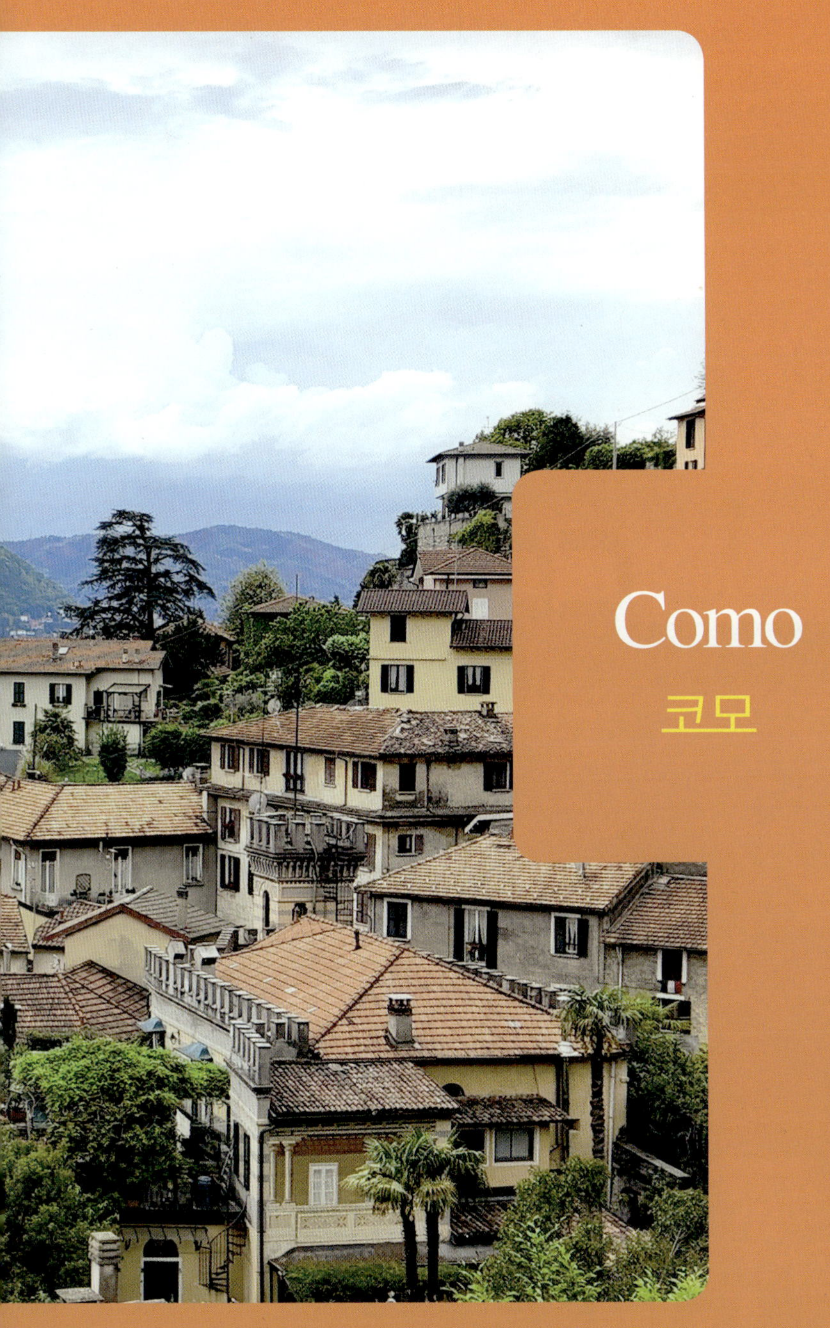

Como

코모

코모

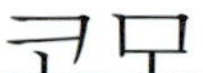

코모는 밀라노에서 50㎞ 정도 떨어져 있어 밀라노 시민들이 차로 가는 휴양지이다. 밀라노 에서 기차를 이용해 이동하는 경우가 많다. 스위스와의 국경으로 둘러싸여 코모 호수를 내려다보고 있는 코모는 카페 문화, 화려한 교회와 고급스러운 비단 무역이 매력적인 '비단의 도시'이다. 호수 옆 노천카페에 앉아 휴식을 취하면서 대규모 비단 생산지인 예술, 역사, 디자이너 실크와 직물 작품을 쉽게 볼 수 있다.

유서 깊은 거리를 따라 거닐며 화려하게
장식된 교회와 궁을 직접 보면서 우리가
알던 이탈리아와 다른 도시를 만날 수 있
다. 호수에서 갓 잡은 신선한 민물고기인
'퍼치'(농어류) 요리가 유명한 리조토 알
페스체 페르시코 Risotto al Pesce Persico에서 식
사를 즐기면서 여유를 만끽하자.

실크 교육 박물관을 방문하여 비단 직조
법과 장인 정신의 역사에 대해 알아보자.
도시 곳곳의 비단 상점에 전시된 고급 비
단의 질감과 무늬를 보는 것도 좋다. 산
페델레 광장에서는 코모의 유서 깊은 건
축물을 보면서 16세기 프레스코화가 인상
적인 로마네스크 양식의 산 페델레 교회
를 방문한다.

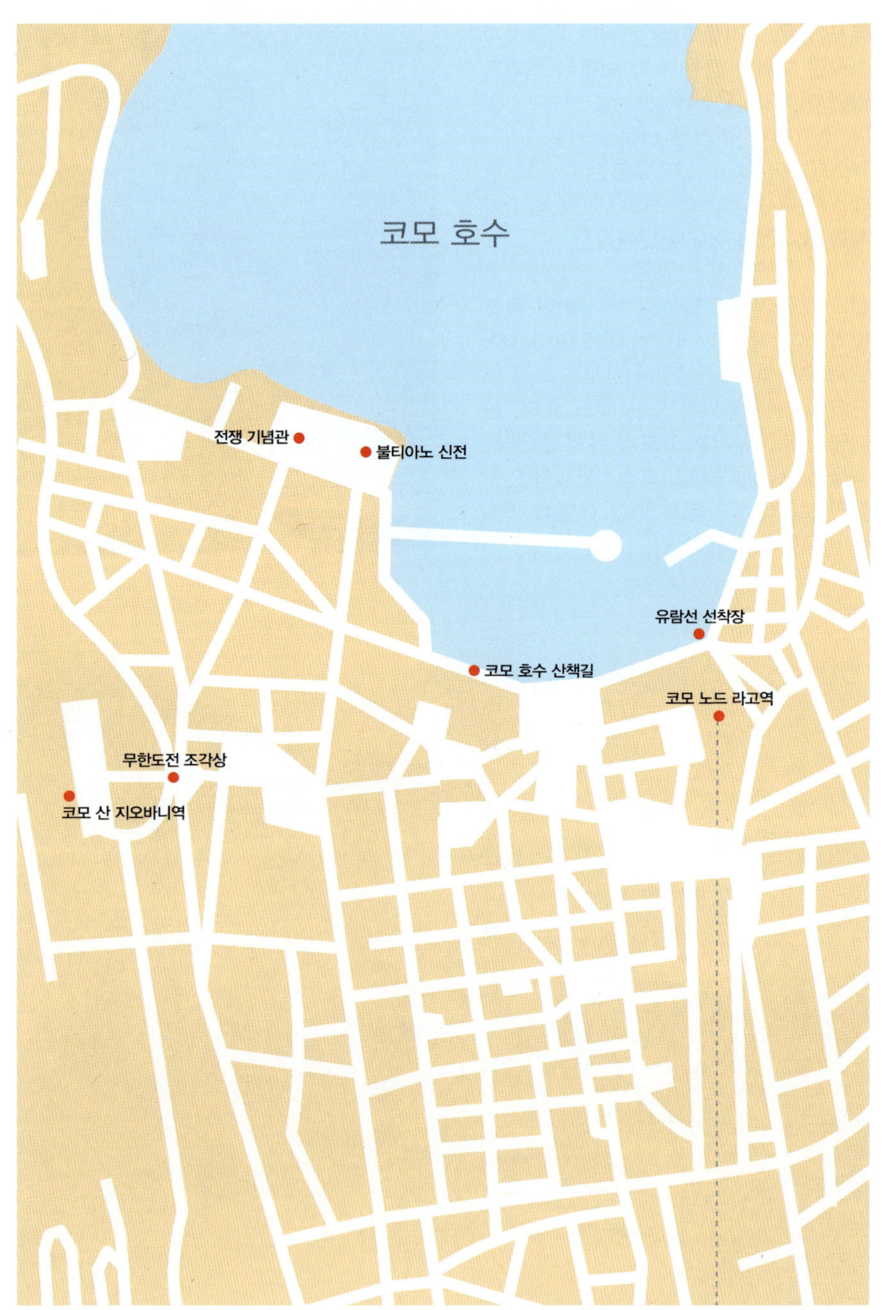

코모 호수
전쟁 기념관
불티아노 신전
유람선 선착장
코모 호수 산책길
코모 노드 라고역
무한도전 조각상
코모 산 지오바니역

코모 즐기기

여러 시대에 지어진 고급스러운 저택과 빌라가 가득한 코모에서는 건축적인 감탄이 절로 나온다. 오래된 건물들은 관광객 숙소로 사용되고 있는 경우가 많으며, 건물에 딸린 정원은 대중에게 개방되기도 한다. 나폴레옹이 묵었다는 빌라 올모에서 호숫가 공원을 거닐고 와인을 음미하는 것도 좋다. 광장의 레스토랑에 들러 현지 폴렌타polenta 요리와 햇볕에 말려 양념에 재운 생선 요리, 그리고 젤라토를 즐겨 보자.

이탈리아와 스위스 국경 지대의 롬바르디아에 위치한 코모는 코모 호수에 있는 마을 중 가장 크다. 코모에 여정을 풀고 보트 투어를 하면서 호수의 이곳저곳을 꾸미고 있는 타운과 마을을 둘러보고, 푸니쿨라를 타고 아름다운 호수의 풍경과 코모의 매력적인 건축물을 감상하다 보면 코모 뒤쪽 언덕에 있는 작은 마을 브루나테가 나온다. 브루나테에서 하이킹을 하면서 인근 마을까지 걸으면 길 위에 우거진 나무 사이로 믿을 수 없을 만큼 아름다운 경치를 엿볼 수 있다.

코모 호수
Como Lake

코모호수는 이탈리아의 수많은 그림 같은 호수들 중에서도 단연 최고로 손꼽힌다. 북부 이탈리아에 위치한 매력적인 여행지는 그림 같은 도시, 유서 깊은 건축물, 산악 경치, 수상스포츠까지 즐길 수 있는 천혜의 휴양지이다. 코모 호수는 이탈리아가 자랑하는 보석 같은 명소이다. 울창한 산맥이 감싸고 있는 깊고 푸른 호수 주변에는 매력적인 도시와 마을이 곳곳에 자리하고 있다.

로마 시대부터 휴양지로 많은 사랑을 받은 코모는 굽은 도로를 따라 거닐며 중세의 건물, 화려한 궁전, 전통의 피자리아와 아이스크림 상점을 구경할 수 있는 곳이다. 호화 리조트, 고산 마을과 조용한 어촌 마을에서 수상스포츠, 자전거를 타고 겨울에는 스키의 엑티비티를 즐길 수 있다.

호수 남서쪽 언저리에 위치한 성벽 도시인 코모로 이동하여 분위기 있는 역사 지구와 아름다운 빌라 올모를 둘러본다. 코모에서 케이블카를 타고 고산 마을인 브루나테를 방문하여 등산로도 걷고 아름다운 전망도 즐겨보자. 코모에서 한 시간 정도만 걸으면 16세기의 빌라 데스테와 100,000㎡ 규모의 정원인 케르노비오가 나온다. 소박한 매력의 아르제뇨에서는 호수 동쪽 너머로 보이는 아름다운 전망을 볼 수 있다.

코모 호수의 골든 트라이앵글Golden Triangle에서 벨라지오의 고급 리조트에는 해안 산책로와 자갈길을 따라 가면 화려한 궁전과 아름다운 풍경을 만나볼 수 있다. 울창한 언덕을 거닌

후 메나지오의 카페 광장에 앉아 휴식을 취한다. 바레나에서 지역의 중세 어업 역사에 대해 알 수 있다.

호수 남동쪽 구석에 있는 레코는 산악 경관과 로마네스크 양식의 건축물로 예술가들을 유혹한다. 인접한 발사시나는 겨울이 되면 인기 있는 스키 리조트로 변해 사람들로 북적인다. 북부 호안에 위치한 콜리코와 도마소는 활기 넘치는 수상스포츠 명소로 유명하다. 숨 막히는 자연 속에서 카이트 서핑, 세일링과 윈드서핑을 즐기는 사람들을 볼 수 있다. 코모 호수는 휴가나 신혼여행을 고급 리조트에 묵으며 호수의 낭만적인 분위기에 취하려는 사람들이 많다.

트레메조
Tremezzo

트레메조로 가려면 코모에서 버스를 이용하거나 코모 호수에서 보트나 페리를 이용하여 이동한다. 코모 호수 서쪽 기슭에 위치한 한가로운 도시에는 아름다운 자연 경관, 한적한 등산로와 화려한 저택들을 볼 수 있다.

경이로운 건축물과 자연 풍경, 아름다운 산책로와 여유로운 카페 문화가 조화를 이루고 있는 도시이다. 매력적인 도시는 코모 호수의 중서부 호안을 따라 펼쳐져 있으며 뒤로는 크로초네 산Mount Crocione의 험준한 산봉우리가, 호수 너머로는 장대한 산맥이 장관을 이루고 있다.

트레메조는 코모 호수에서 가장 아름다운 저택들이 모여 있는 곳이다. 찬란한 빌라 카를로타의 내실은 18세기 말~19세기 초까지 활동한 이탈리아의 조각가, 안토니오 카노바Antonio Canova의 걸작들로 꾸며져 있다.

코모 호수의 많은 도시처럼 트레메조도 아름다운 산책로로 유명하다. 산책을 하면서 덧문이 달린 창문, 철제 발코니와 정면부의 회랑이 돋보이는 파스텔 톤의 우아한 저택들을 구경할 수 있다. 저택들은 현재 호텔, 상점, 카페, 아이스크림 상점과 피자리아로 이용되고 있다. 18세기의 산로렌조 교회를 비롯한 역사적인 건물들은 사람들의 마음을 들뜨게 만든다.

호숫가의 벤치에 앉아 벨라지오와 코모의 풍경이 한 눈이 들어오는 멋진 전망은 압권이다. 부두를 오가는 보트와 여객선을 보려면 보트 투어에 참여해 도시의 저택과 뒤로 보이는 산의 경치를 호수 위에서 바라보면 된다.
도심에서 크로초네 산기슭의 마을까지 이어진 산악로를 따라 가면 로가로^{Rogaro} 마을이 나온다. 성모 마리아의 상징물이 보관되어 있는 산타 마리아 교회^{Chiesa di Santa Maria}를 볼 수 있다.
트레메조와 호수의 전망이 바라 보이는 레스토랑에서 식사를 즐기고 산비탈 너머로 이어지는 등산로를 따라 이동하면 카데나비아와 그리안테^{Griante}라는 마을이 나온다.

Lago Maggiore
마조레 호수

마조레 호수

LAGO MAGGIORE

???????

알프스의 남쪽에 위치한 큰 호수인 마조레 호수Lago Maggiore는 이탈리아 북부의 피에몬테 주, 롬바르디아 주, 스위스의 남부 티치노 주 사이에 걸쳐 있다. 밀라노에서 약 40㎞ 떨어진 마조레 호수Lago Maggiore는 자동차로 약 40~50분 정도 소요된다.

마조레 호수는 이탈리아에서 두 번째로 큰 호수이자, 남부 스위스에서 가장 크다. 밀라노 북부에는 유명한 코모 호수도 있지만 유럽에서는 꽤 알려진 서쪽으로 마조레 호수Lago Maggiore도 있다. 코모 호수는 전 세계에서 온 관광객이 많고 마조레 호수Lago Maggiore는 이탈리아 관광객이 많은 것이 특징이다.

호수와 해안선은 이탈리아 피에몬테 지역과 롬바르디아 지역으로 나뉜다. 이탈리아 북부에 위치해 있지만 기후는 여름과 겨울 모두 온화하며 지중해 기후를 나타내기 때문에 지중해와 비슷한 이국적인 식물이 자란다.

이탈리아 북부 호수들의 특징

알프스 산맥에 접한 이탈리아 북부에는 빙하 지형으로 생긴 호수들이 있다. 가장 큰 가르다 호수(Lago di Garda)가 있고 서쪽으로 코모 호수(Lago di Como), 루가노 호수(Lago di Lugano), 마조레 호수(Lago di Maggiore)가 있다. 3개의 호수 중에서는 마조레 호수가 가장 크다. 알프스 산맥의 빙하로 내려온 산줄기 사이로 빙하수가 흘러 내려오면서 형성되어 지도에서 이 호수들을 보면 남북으로 길쭉하게 생겼고, 좁은 폭의 물길이 구불구불하게 이어진다.

스트레사
Stresa

조레 호수의 거점 마을인 스트레사Stresa는 마조레 호수 기슭에 약 4600명의 주민이 거주하는 마을로 마조레 호수 여행의 기점이 되는 곳이다. 이곳에서 귀족 보로메오Borromeo 가문이 소유한 3개의 섬을 보는 것이 일반직인 마조레 여행이다. 3개의 섬은 보로메오 가 섬들Isole Borromee이라고 불리는 데, 어머니 섬Isola Madre, 벨라 섬Isola Bella, 어부들의 섬Isola dei Pescatori이다.

주위 여행지와의 연계성
밀라노에서 마조레 호수로 이동했다면 90분 정도 소요되는 토리노, 2시간 정도 떨어진 제노바, 3시간 정도 소요되는 스위스의 체르마트(마테호른)와 프랑스의 샤모니, 몽블랑 등으로 여행이 가능하다. 다만 이탈리아 서북쪽에 위치해 일반적인 이탈리아 여행코스에서는 제외된 단점이 있기도 하다.

이졸라 벨라
Isola Bella

'아름다운 섬' 이라는 뜻의 이탈리아어로 15세기에 보로메오 가문이 섬을 구입할 때, 인페리오레 섬sola Inferiore으로 불리고 있었다.

카를로 보로메오 3세Carlo III Borromeo가 섬의 이름을 아내 이름인 이자벨라Isabella로 바꾸면서 오래 지속된 이름으로 남아있다가 섬이 공개되면서 사람들은 '벨라 섬'으로 지금도 부르고 있다. 섬 이름처럼 벨라 섬은 마조레 호수 위에 아름다운 모습을 보여주고 있다.

Central Italy

이탈리아 중부

D.O.C.
VINI
Porchetta
salumi
Formaggi
insalate
zuppe
Hot Dog
La Magnolia
B & B
Aria Condizionata

Orvieto

오르비에토

이탈리아의 수도인 로마를 가로지르는 테베레Tevere 강을 거슬러 올라가면 움브리아Umbria 지방이 나온다. 이탈리아 반도의 중간에 위치한 이 지역은 주도가 페루자Perugia를 비롯해 아시시와 인구 2만 명의 작은 도시인 오르비에토Orvieto가 있다.

오르비에토Orvieto는 고도 195m의 바위산 위에 있는데 900년 역사를 가진 성벽이 도시를 에 워싸고 있어 천혜의 요새 도시로 별칭은 '하늘도시'이다. 기원전 에트루리아인들이 거주했 던 지역으로 이탈리아에서 가장 오래된 고대 에트루리아인들의 12개 도시 중 하나이다. 로 마에서 북서쪽으로 100㎞ 정도 떨어져 있는데 기차나 자동차로 1시간 정도 소요된다.

슬로우 시티

이탈리아에서 가장 오래된 역사를 가진 도시가 바로 언덕 위 작은 마을인 오르비에토 Orvieto이다. 중세도시의 옛 모습을 간직하고 있는 오르비에토Orvieto는 느림의 미학이 느껴지는 슬로우 시티 운동이 시작된 곳이다. 언덕 위의 작은 마을인 오르비에토에 여행자들의 발길이 끊임없이 이어지는 이유이다.

걷기 도시

3,000년 전 사람들이 살았던 지하 도시와 500년 된 지하 우물이 더 매력적으로 만들어주는 도시인 오르비에토Orvieto는 바쁜 일상생활에 지쳤다면 멈춰버린 시간 속에서 여유로운 하루를 보내면서 여유를 가져보자. 시간이 멈춰버린 도시의 모습을 간직하고 있어서 소박하지만 초라하지는 않은 작은 도시이다. 도시 전체가 자아내는 분위기가 은은한 멋을 풍기는 오르비에토는 걷기만 해도 행복해진다.

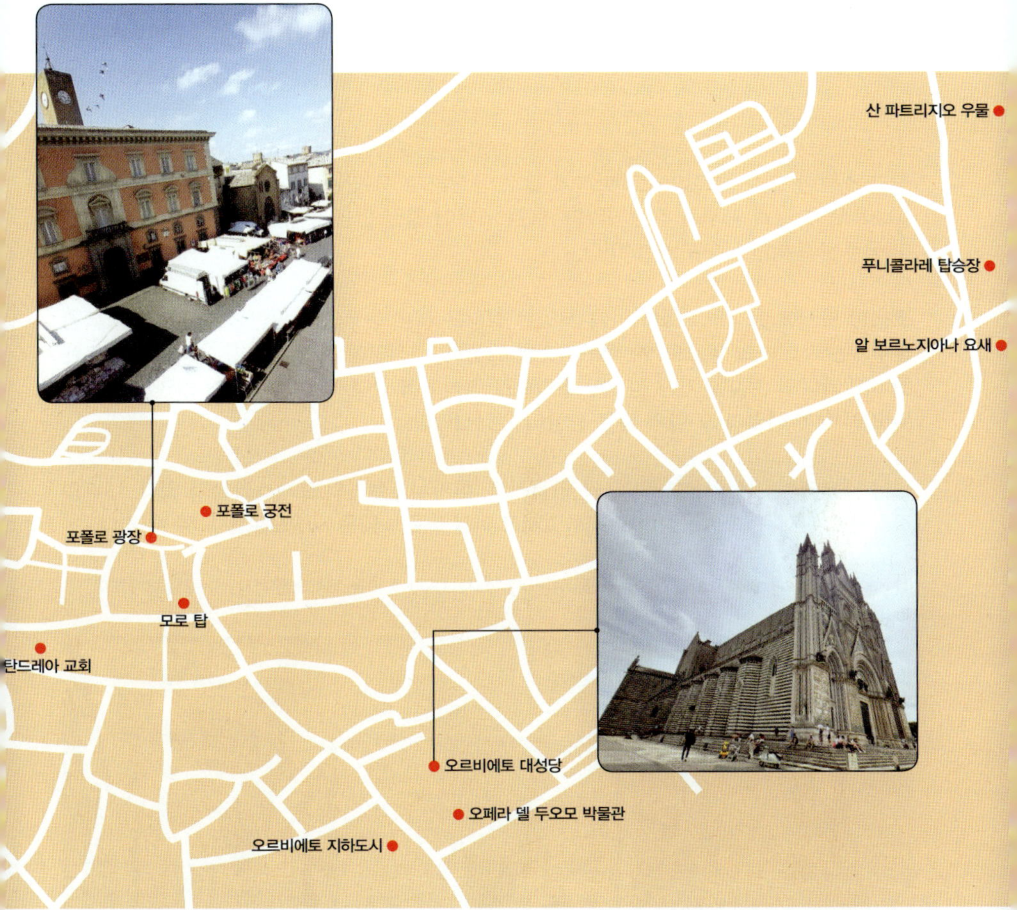

올드 타운 앞에 주차장이 있다. 이 곳에 주차를 하고 시내는 걸어서 여행을 한다.

두오모
Duomo

작고 소박한 도시 오르비에토Orvieto에 홀로 웅장하게 서 있는 두오모Duomo는 1290년부터 300여 년에 걸쳐 공사가 진행되었다. 오랜 세월이 걸린 만큼 로마네스크양식과 고딕양식이 공존된 독특한 두오모Duomo이다.

조용한 도시에 웅장하고 화려하게 서있는 성당은 검은 현무암과 하얀 석회암으로 독특한 줄무늬는 시에나의 두오모Duomo와 비슷한 느낌이다. 전면에 찬란한 금빛 모자이크와 로렌초 마이타니의 손길을 거친 섬세한 조각으로 장식되어 있다. 예수의 수의가 보관되어 있는 두오모Duomo 성당과 그 앞의 넓은 광장이 인상적이다.

성당 내부에는 기적의 성포와 프라 안젤리코, 루카시뇨젤리의 프레스코화가 있다. 내부의 조각들은 실제로 보면 웅장하면서도 멋지고 아름다운 느낌은 사진으로는 느낄 수 없다.

🏠 Piazza del Duomo, 26, 05018　🕐 4〜9월, 7시 30분〜19시 30분 / 3, 10월, 18시 30분까지 / 11〜2월 13시까지)
€ 예배당 8€

지하도시
Parco delle Grotte

기원전 1세기 전부터 정착한 에투루리아인들이 만든 비밀 공간으로 피난을 가지 못한 사람들이 살기 위해 만들었다. 오르비에토에는 많은 지하 도시로 들어가 피난을 할 수 있는 통로가 있었다. 그 공간의 일부를 공개해 투어를 진행하고 있다.

🏠 Piazza del Duomo 23　🕐 11, 12, 16, 17시 투어 진행

산 파트라지오 우물
Pozzo di San Patrizio

1527년 교황 클레멘스 7세의 명에 의해
만들어진 깊이 62m, 지름 13m의 우물은
단순한 우물이 아니다.
72개의 창문이 햇빛을 받을 수 있어 낮에
는 생활이 가능했다. 내려가는 계단과 올
라가는 계단이 만나지 않아 비밀이 보장
된다. 나귀는 물을 싣고 내려가고 올라가
면 물을 사용할 수 있도록 설계되었다.

주소_ Piazza Cahen, 58
시간_ 5〜8월은 9〜19시 45분 / 3, 4, 9, 10월은 18시
　　　45분까지 / 11〜2월 10〜16시 45분까지)
요금_ 8€

Assisi

아시시

이탈리아 중부의 수비시오 산 위에 위치한 약 3만 명 정도의 작은 도시, 아시시는 로마에서 당일치기 여행지로 인기가 많다. 성 프란체스코가 태어난 도시라 해마다 100만 명에 달하는 순례자와 관광객이 찾아온다. 복잡한 골목과 꽃으로 장식된 발코니가 인상적이다. 돌을 이용해 만든 성벽과 거리, 집들은 중세의 분위기를 그대로 간직하고 있다. 13세기에는 위대한 예술가들이 몰려들어 예술적 영감을 불태웠으며 그 흔적들이 성 프란체스코 성당에 고스란히 남아 있다.

성벽 도시이지만 마테오레 광장의 주차장에 주차를 하고 걸어서 여행해야 한다. 차량 이동이 가능한 곳이 많지만 일방통행이 많아서 차량으로 여행을 하다가 관광객과 뒤엉겨 이동하기가 쉽지 않다. 반드시 주차를 하고 성벽 안에는 걸어서 여행을 하도록 하자.

한눈에 아시시 파악하기

아시시는 천천히 걸어 다녀도 하루면 충분히 볼 수 있다. 시내에 도착하면 먼저 아시시 최고의 관광지인 성 프란체스코 성당을 보면서 여행이 시작된다. 세계적인 명성을 얻고 있는 성당울 보면 아시시에서 가장 중요한 것을 본 것과 다름없을 정도이다. 그 다음은 중세풍의 좁은 골목들을 천천히 걸어 미네르바 신전이 있는 코무네 광장Piazza del Comune을 보고 로카 마조레Rocca Maggiore에 올라 도시의 전망을 볼 수 있다.

성 프란체스코 성당

Basilica di S. Francesco

아시시에서 가장 웅장한 건축물일 것이다. 프란체스코 수도회의 총본산으로 성녀 카타리나와 함께 이탈리아의 수호성인으로 꼽히는 성 프란체스코를 기리기 위해 만든 성당이다. 이탈리아 고딕 예술의 전형을 보여주는 이 성당은 건축, 회화, 종교 등 모든 면에서 세계적인 명성을 얻고 있다. 13세기에 완성된 후 14세기에 장식이 추가되었고 외관은 거의 그대로 보존되고 있다.

경사를 이용해 상하 2층으로 지었으며 성당의 벽면은 중세 말기의 유명한 화가들의 작품으로 채색되어 있다. 이중에 상층 치마부에 있는 그리스도 책형도, 조토 디 본도네의 성 프란체스코 이야기, 하층 성당의 성모자, 천사, 성 프란체스코를 비롯해 마르티니, 로렌체티 등의 작품은 모두 뛰어난 걸작으로 꼽힌다.

성당 내부에는 성 프란체스코가 입던 옷과 유품이 전시되어 있고 지하에는 1818년에 발견된 그의 유해가 안치되어 있다. 성당은 1997년 발생한 지진으로 큰 피해를 보았으나 다행히 내부의 벽화는 온전히 보존되었다.

코무네 광장
Piazza dei Comune

마을 한복판에 위치한 이 광장은 포로 로마노와 기원전 1세기에 세워진 미네르바 신전이 있던 곳이다. 광장 중앙에는 18세기에 만들어진 분수가 있고, 정면에 미네르바 신전과 코무네 탑이 비교적 양호한 상태로 보존되어 있다.
괴테는 그의 이탈리아 여행에서 미네르바 신전을 보고 어디에서 봐도 아름다운 성당이라고 감탄했다고 전해진다.

신전 바로 왼쪽에 있는 높이 45cm의 코무네 탑은 1305년에 완성된 것으로 탑 꼭대기에는 1926년에 이탈리아 자치도시들에 의해 바쳐진 4,000kg 무게의 '찬미의 종'이 매달려 있다. 코무네 광장은 고대 포로 로마노 지역을 차지하고 있으며 지금도 시민들의 생활이 이루어지고 있다.

산타 키아라 대성당
Basilica di Santa Chiara

성 프란체스코의 사상에 매료되어 사도가 된 성녀 키아라에게 바쳐진 성당으로 1193년, 아시시의 귀족가문에서 태어난 그녀는 10대에 성 프란체스코의 삶의 방식을 접한 후 그와 같은 인생을 걷기로 결심하였다.

1257~1265년까지 완성된 성당은 이탈리아 고딕 양식으로 성 프란체스코 성당을 모방한 것이다. 성당 내부는 소박하면서도 엄숙한 분위기를 자아낸다.

내부에는 성 프란체스코가 말한 '성 다미아노의 십자가'와 성녀 키아라으 의복과 금발머리가 보존되어 있다. 천장에는 아름다운 프레스코화가 그려져 있고 지하에 그녀의 유해가 안치되어 있다.

로카 마조레
Rocca Maggiore

마을의 북동쪽 아시시를 내려다보는 언덕의 꼭대기에 있다. 14세기에 만들어진 이 성채는 다각형의 탑과 출입구 근처에 있는 원통 모양의 작은 탑을 추가로 건립하면서 15~16세기에 확장되었다.

한때 감옥으로도 사영되었었다. 성채의 망루에서는 아시시의 시내 모습뿐만 아니라 다소 삭막해 보이는 움부리아 지방의 전원 풍경이 한 눈에 펼쳐진다.

산타 마리아 델리 안젤리 성당
Basilica di Santa Maria degli Angeli

아시시 시내에서 5km 떨어진 성 프란체스코와 그의 제자들이 처음으로 교회를 지었던 장소로 현재의 성당은 16세기 갈레아조 알레시Galeazzo Alessi가 설계한 것이다. 당당한 규모르를 자랑하는 고전적인 모습의 성당은 먼 곳에서도 볼 수 있는 우아란 쿠폴라가 인상적이다.

성당 내부는 3개의 본체와 성화와 프레스코화로 장식된 12개의 부속 예배당이 있다. 성 프란체스코는 1226년에 이곳에서 숨졌다고 전해진다.

Toscana

토스카나

토스카나

TOSCANA

이탈리아의 가장 상징적인 지방인 토스카나는 훌륭한 르네상스 미술과 목가적인 전원 풍경을 만날 수 있는 곳이다. 유서 깊은 마을, 아름다운 예술, 비옥한 올리브 과수원과 포도원 등으로 구성된 토스카나는 우리가 상상하는 이탈리아의 모습을 볼 수 있다. 르네상스 시대에 혁신의 중심지였으며 토스카나 출신의 화가, 건축가, 조각가들은 새로운 유럽 문화를 정립시켜놓았다.

신선한 재료를 이용한 요리와 함께 와이너리도 구경하고 세계 최고의 명성을 자랑하는 와인을 같이 맛보면 환상에 젖을 수 있다. 중세 시대의 마을의 광장에 앉아 지나가는 사람들을 구경하고 예술 작품처럼 아름다운 건축물과 함께 늦은 밤까지 추억을 남길 수 있는 하루를 지내보자. 행복한 하루에 감사할 것이다.

전 세계 관광객들은 수백 년 동안 피렌체로 모여들었고 앞으로도 모여들 것이다. 활기찬 분위기에 압도적인 건축물은 700여 년 전 르네상스시대의 매력을 상당 부분 그대로 간직하고 있다. 해질 무렵, 아르노 강을 따라 거닐면서 베끼오 다리로 오면 우피치 미술관에서 우리는 전 세계에서 가장 중요한 르네상스 예술을 만나게 되는 행운을 가질 수 있다.

전 세계에서 피사의 사탑만큼 독특한 건물은 거의 없을 것이다. 12세기에 지어진 피사의 사탑이 관광객의 관심을 받지만, 피사이 사탑 옆에 성당 단지의 다른 건물도 충분히 구경할 가치가 있다. 근처의 두오모, 바피스테리, 납골당 캄포산토 등은 피사의 고딕 양식으로 설계되었다.

산 지미냐노는 토스카나의 많은 언덕 마을 중에서 가장 유명한 곳이다. 특히 12~13세기에 귀족들이 경쟁적으로 지은 중세 시대의 고층 건물이 10개 이상이다. 대성당, 키에사 디 산타고스티노 등의 유서 깊은 건물에서 아름다운 프레스코화도 감상하고, 와인 시음장에서 유명한 백포도를 맛보는 것을 추천한다.

토스카나에 오면 야채와 콩, 빵을 넣어 만든 스프 리보리따와 간단하지만 정말 맛있는 피렌체 전통 티본 스테이크인 비스떼까 알라 피오렌티나를 추천한다. 4~5월의 봄이나 9~10월의 가을은 토스카나를 방문하기에 가장 좋은 때이다.

누텔라 이야기

안녕하세요. 전 세계인의 아침식탁 단골메뉴인 누텔라 초
콜릿 잼이 이탈리아의 브랜드인 것을 알고 계시나요? '누
텔라'는 1년에 팔리는 총량을 합치면 만리장성을 8번을 돌
고도 남을 정도로 어마어마한 사랑을 받고 있는 식품입니
다. 특히 친근한 브랜드 이미지의 초콜릿 잼이지만 사실
이탈리아의 무거운 역사적 시기에 탄생의 기원을 두고 있
는데요. 무려 초콜릿잼 주제에 '나폴레옹'과 '무솔리니'라
는 세계사 교과서의 어마어마한 인물들에게서 연관되어
탄생하게 되었습니다.

먼저 1804년 당시 나폴레옹은 영국과 전쟁 중에 있었고, 이에 따라 영국은 영국뿐만이 아
닌 당시 영국 우호국 모두에게 프랑스로의 카카오 등 다양한 물품의 수출을 전면적으로 금
지시키게 합니다. 현재 북부 이탈리아 지방인 피에몬테 지방은 그 당시 프랑스에 속해 있
었기에 함께 프랑스와 마찬가지로 카카오 수급이 어렵게 됩니다.
이에 피에몬테 지방의 도시 토리노의 초콜릿 장인은 '아 이대로 카카오 수급이 안 되서 초
콜릿을 못 만들어 팔면 망하겠구나..'싶어서 열심히 메뉴 개발을 하기 시작했습니다. 그래
서 개발한 것이 누텔라의 조상님이라 할 수 있는 '잔두야'입니다. 초콜릿 안에 카카오의 비
율을 확 줄이고 토리노에서 수급이 가능한 헤이즐넛으로 대체해서 만든 새로운 형태의 디
저트였고, 이 지방에서 큰 히트를 쳐서 유명해지게 됩니다.

그 이후로도 제 2차 세계대전 시기에 무솔리니는 에티오피아에서 UN에서 금지한 화학가
스 무기를 사용하게 되고, UN은 이러한 이탈리아에 전면적인 수출과 수입의 일체 무역 행

위를 금지령을 내리게 됩니다. 그래서 이탈리아는 당시 전쟁에서 한편이었던 독일, 일본, 미국과의 교역만 가능하게 되었습니다.

먼저 이 당시의 상황을 간단히 설명 드릴께요. 제재에도 불구하고 무솔리니는 이탈리아만의 자주적인 음식 독립을 주장하며 되도록 이탈리아에서 직접 재배하고 수급하도록 사람들을 독려하고, 수입되는 음식재료들에는 엄청난 세금을 부과하였습니다. 그래서 러시아와 남부 아메리카에서의 수입 대신 밀의 자주적인 공급을 위해서 급기야 밀라노 두오모 광장에도 로마 콜로세움 주변의 부지가 있는 모든 곳에 밀을 재배하는 장관이 펼쳐지기도 하였습니다. 다음 비디오를 보시면 밀라노의 패션거리에도 때 아닌 밀밭이 펼쳐져 있는 것을 볼 수 있습니다.
이 무솔리니시기에 이탈리아 제빵사 페레로로쉬 초콜릿으로 유명한 페레로가 나폴레옹 시기의 잔두야를 더욱더 카카오 비율을 줄이고 헤이즐넛 비율을 향상시켜서 발라먹을 수 있는 잼의 형태로 개발해서 현재의 누텔라가 개발되었습니다.

이 당시의 시기에 가죽 공급이 현저히 적어져서 명품 브랜드인 구찌는 지속적인 판매라인 구축을 위해서 가죽가방이 아닌 '캔버스백'을 내놓게 되어 현재까지 흥행을 일으키게 되었고, 또한 커피원두 또한 수급이 불가능 했기에 우리나라에서 정부가 쌀값의 심한 가격 상향을 조절하듯이 이탈리아 정부는 커피를 우리나라의 쌀처럼 필수식품으로 분리될 정도로 커피를 사랑하는 이탈리아인들은 자주적으로 커피맛을 만들기 위해 보리를 이용해서 보리커피를 개발하기도 하였습니다. 게다가 석유의 수입도 힘들게 되니 무려 석탄을 넣어서 움직이는 차를 개발하기도 하였죠. 그러므로 달콤한 초콜릿 잼 누텔라는 이런 역사적으로 어려운 제재의 상황들 끝에 전 세계인의 식탁에 올라오게 되었습니다.

ITALY, Renaissance
이탈리아 르네상스

14세기 중반이후부터 유럽사회의 봉건제도가 흔들리고 로마 가톨릭 교황의 권위가 십자군 전쟁 때문에 약화되기 시작했다. 교회중심의 중세 문화도 쇠퇴하면서 새로운 근대 문화가 싹트기 시작했다.

변화의 움직임은 십자군 전쟁 때도 피해를 당하지 않고 새로운 지중해 무역을 장악할 수 있었던 이탈리아에서 르네상스로 시작되었다. 르네상스는 서유럽사회로 넘어가면서 종교개혁으로 나타났다. 르네상스와 종교 개혁은 유럽에서 근대 사회의 시작을 알리는 사건이었다.

인간으로 돌아간다.

유럽에서 봉건 사회가 무너지고 교회의 권위가 떨어지는 시기에 유럽인들은 신 중심적인 중세와는 다른 새로운 문화와 가치관을 찾아야 했다. 유럽인들은 인간의 가치관을 알려 주는 통로 역할을 한 것은 비잔티움 제국에서 알게 된 고대 그리스와 로마의 문화였다. 앞서 있는 비잔티움 제국의 문화는 유럽인들에게 인간과 자연에 대한 새로운 개념이었다.

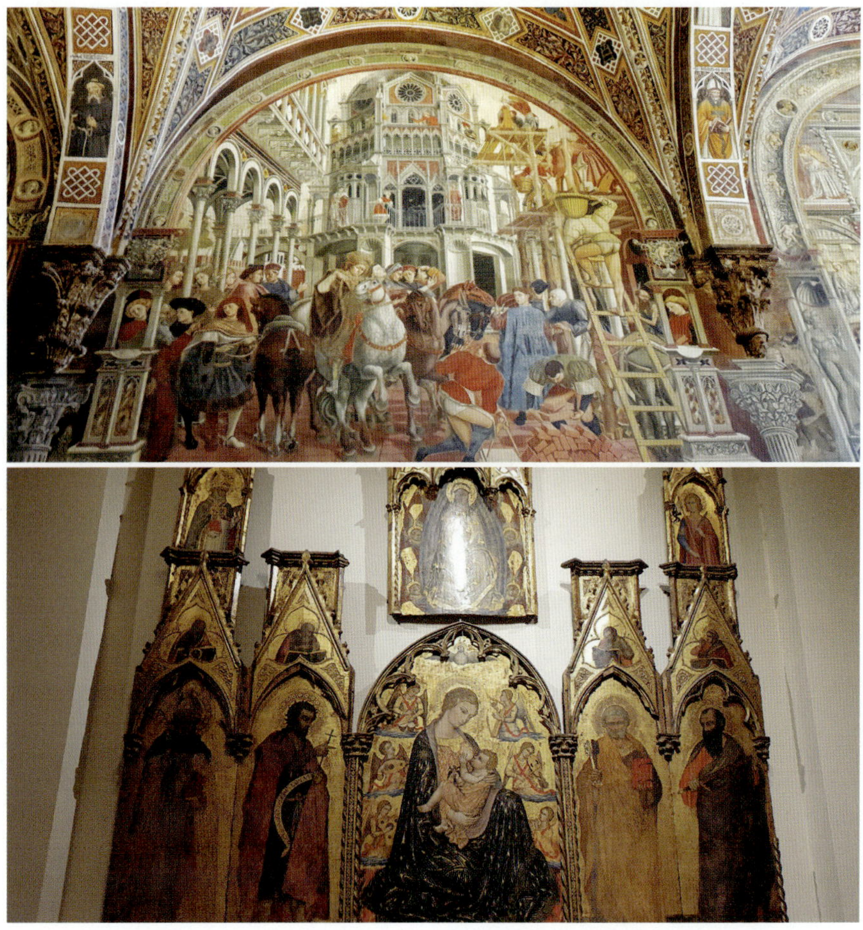

르네상스의 시작 이탈리아

14세기~16세기까지 십자군 전쟁이후 유럽에서 봉건제가 흔들리고 교회의 영향력이 약해졌고 비잔티움 제국을 본 유럽인들은 고대 그리스와 로마의 고전 문화에 대한 관심이 크게 일어났다. 이를 바탕으로 다시 살아난다는 뜻을 가진 '르네상스'가 탄생했다. 그리스 르네상스의 시작은 12~13세기 지중해 무역의 권한을 가지면서 경제적으로 윤택해진 이탈리아에서 시작되었다.

15세기에 이탈리아의 베네치아와 피렌체 같은 주요 도시 국가들은 유럽의 은행 역할까지 담당할 정도로 금융업이 발달했다. 이탈리아 도시 국가들의 번영은 무역의 중심이 지중해에서 대항해 시대로 무역의 중심이 대서양으로 옮겨간 15세기 말까지 계속되었다. 이탈리아 상인들은 상업과 무역을 통해 엄청난 부를 축적했고, 이를 바탕으로 도시 국가 안에서 정치, 사회, 문화의 중심세력으로 성장했다. 이탈리아의 르네상스는 엄청난 부를 가진 경제력으로 탄생했다. 지중해 무역이 15세기말부터 이슬람으로 넘어간 뒤로 이탈리아의 르네상스는 지속되지 못했다.

르네상스가 탄생한 이유

이탈리아는 고대 로마 제국의 터전이었기 때문에 고대 문화의 유산이 그대로 남아있었고 비잔티움 제국이 멸망한 후로는 비잔티움의 학자들이 이탈리아로 옮겨오면서 그리스와 로마의 중요 서적과 문화를 받아들였기 때문에 이탈리아에서 르네상스가 탄생할 수 있었다.

이탈리아는 경제적 번영을 바탕으로 14세기 이후에 문화에 대한 후원이 크게 늘어났고 각 도시 국가들은 경쟁적으로 화려한 공공 건축물을 짓기 위해 예술가들을 후원하고 로마 교황들도 당대의 최고 예술가들을 불러 문화와 예술을 발전시킬 수 있었다. 무역으로 막대한 부를 모은 도시의 상업 귀족들과 상인들도 학자와 예술가들과 교류하는 것을 중요하게 생각해 적극적으로 후원을 할 수 있었다.

이탈리아의 각 도시 국가들은 정치적으로뿐만 아니라 문화와 예술분야에서도 서로 경쟁을 벌이는 등, 찬란한 르네상스 문화가 활짝 꽃 피우게 되었다.

르네상스의 예술가들

르네상스는 고대 그리스와 로마의 고전 작품을 수집하고 연구하는 데에서 출발했다. 이에 앞장선 사람들을 '인문주의자'라고 부른다. 이탈리아 인문주의자들은 그리스와 로마의 고전을 연구하기 시작했다. 그리스와 로마의 고전이 왜 이탈리아 인문주의자들의 관심을 끌었을까?

고대 그리스와 로마 문화의 중요한 특징은 인간 중심적이라는 사실이다. 신들은 가장 아름답고 이상적인 인간의 모습을 하고 있지만 인간처럼 분노하고 시기하며 사랑을 느끼는 존재로 그려질 정도로 인간다움이 문화의 중심에 자리 잡고 있었다.

조반니 보카치오

지나친 신 중심의 문화에서 벗어나고 싶었던 인문주의자들은 인간 중심적인 가치관에 매력을 느꼈다. 현실을 있는 그대로 그려내고, 그 속에서 인간만이 가질 수 있는 솔직한 감정과 진실을 표현하고자 했다.
대표적인 인문주의자는 프란체스코 페트라르카와 조반니 보카치오이다.

최초의 인문주의자인 프란체스코 페트라르카(1304~1374)로 고대 그리스와 로마의 문화를 동경하여, 수도원의 도서관을 찾아다니며 고전 작품을 수집하고 연구하였다. 그는 인간의 사랑과 자연을 노래한 시를 짓기도 했다.

페트라르카의 제자인 보카치오는 흑사병이 돌던 피렌체를 떠나 교와 별장으로 피신한 7명의 여자와 3명의 남가가 10일 동안 들려준 이야기를 바탕으로 인간의 위선을 풍자하고 현세를 긍정하는 주제를 담은 「데카메론」을 썼다. 여러 인간들의 이야기를 통해 운명을 극복하고 개척하는 인간의 모습을 보여주고 싶었다.

3명의 천재

현세적이고 인간 중심적인 가치관은 미술 분야에서 더욱 뚜렷하게 나타난다. 최후의 만찬과 모나리자를 그린 레오나르도 다빈치는 르네상스가 낳은 최고의 예술가였다. 인간의 심리를 세밀하게 관찰하고 신비스럽게 묘사한 작품으로 최고의 작품이다.

라파엘로는 마돈나 상에서 온화하고 평화로운 인간의 모습을 묘사했고 미켈란젤로는 최후의 심판에서 인간들의 갖가지 모습을 있는 그대로 묘사하고, 1498부터 2년 동안 조각한 다비드 상에서는 인간 신체의 아름다움을 조화와 균형 속에서 표현한 작품으로 유명하다. 미켈란젤로는 조각상을 만들지 않아 자신의 작품이라고 아무도 믿어주지 않자, 저녁에 몰래 성모 마리아의 가슴 띠에 자신의 사인을 새겨 넣었다는 일화도 전해진다.

15세기말부터 대서양의 스페인과 포르투갈이 신항로를 개척하면서 상업과 무역의 중심이 급속히 대서양으로 옮겨갔다. 15세기 후반에 꽃을 피운 르네상스는 프랑스와 스페인에 이탈리아 북부의 도시국가들이 정복당하면서 16세기부터 쇠퇴하기 시작했다. 이탈리아의 도시국가들은 경제적으로 어려움에 처하면서 르네상스는 프랑스를 중심으로 알프스 산맥을 넘어 북유럽으로 옮겨가며 새롭게 변형된 르네상스가 시작되었다.

BACCIVS·BANDINELLVS·FLORENTINVS·SANCTI·IACOBI·EQVES·FACIEBAT·

토스카나의 작은 도시들을 자동차 여행하는 방법

토스카나는 평지와 작은 언덕들로 이루어진 이탈리아의 중부지방이다. 대중교통으로 이동하기에는 시간이 오래 소요되기 때문에 자동차를 렌트해 여행하는 경우가 많다. 토스카나의 작은 도시들, 몬테풀치아노, 산 지미냐뇨, 몬탈치노, 오르비에토 등은 성곽으로 둘러져 있기 때문에 자동차를 입구에 있는 주차장에 주차하고 작은 도시들을 둘러보면 된다.

ZTL 개념은 아무 때나 적용하는 것이 아니다.

토스카나 지방을 여행할 때 주차는 어렵지 않고 ZTL 개념은 몰라도 된다. ZTL은 아무 때나 적용하는 것이 아니다. 차량 출입 제한 구역을 ZTL(Zona Traffico Limitato)라고 부르는 데, 차량의 출입을 제한할 만큼 차량의 양이 많을 때 적용하지 아무 때나 생각을 하면서 주차를 하는 것이 아니다. 토스카나의 작은 도시, 아니 작은 마을들은 성곽으로 이루어져 성곽 입구에 주차를 하고 마을을 여행해야 한다. 그런데 여기에 차량 출입 제한 구역을 적용하는 것은 어불성설이다.

도로는 좁지만 운전이 어렵지 않다.

이탈리아 북부의 도시들은 공업도시들이 많기 때문에 고속도로가 많고 도로를 넓어서 운전하는 것이 대한민국과 다르지 않은 느낌이 있다. 이에 반해 이탈리아 중부의 토스카나 지방은 중세 도시들이 많아서 도로는 좁고 구불구불하다. 그런데 더 정겹게 느껴지는 도로는 차량의 양이 적어서 시골길을 운전하는 느낌을 받는다.

속도를 줄이고 운전하자.

이탈리아인들도 대한민국 사람들처럼 성격이 급하기 때문에 좁은 구불구불한 길에서 속도를 올리고 빠르게 운전할 때 사고가 발생하게 된다.

마음의 여유를 가지고 천천히 운전하면서 주위의 풍경이 보이게 되기 때문에 여행을 하는 기분을 낼 수 있다.

도시는 골목길을 따라 올라가면 전망대가 나온다.

중세에 만들어진 작은 마을들은 지도가 없어도 골목길을 따라 곳곳에 우뚝 솟아 있는 중세의 탑들과 구불구불 골목길을 걷는 재미가 있으므로 천천히 여유를 가지고 상점의 물건들을 보고, 힘들면 카페에서 커피나 음료를 마시고, 그림 같은 중세 분위기에서 식사까지 즐겨보면 전망대가 있는 정상부근까지 이동하게 된다.

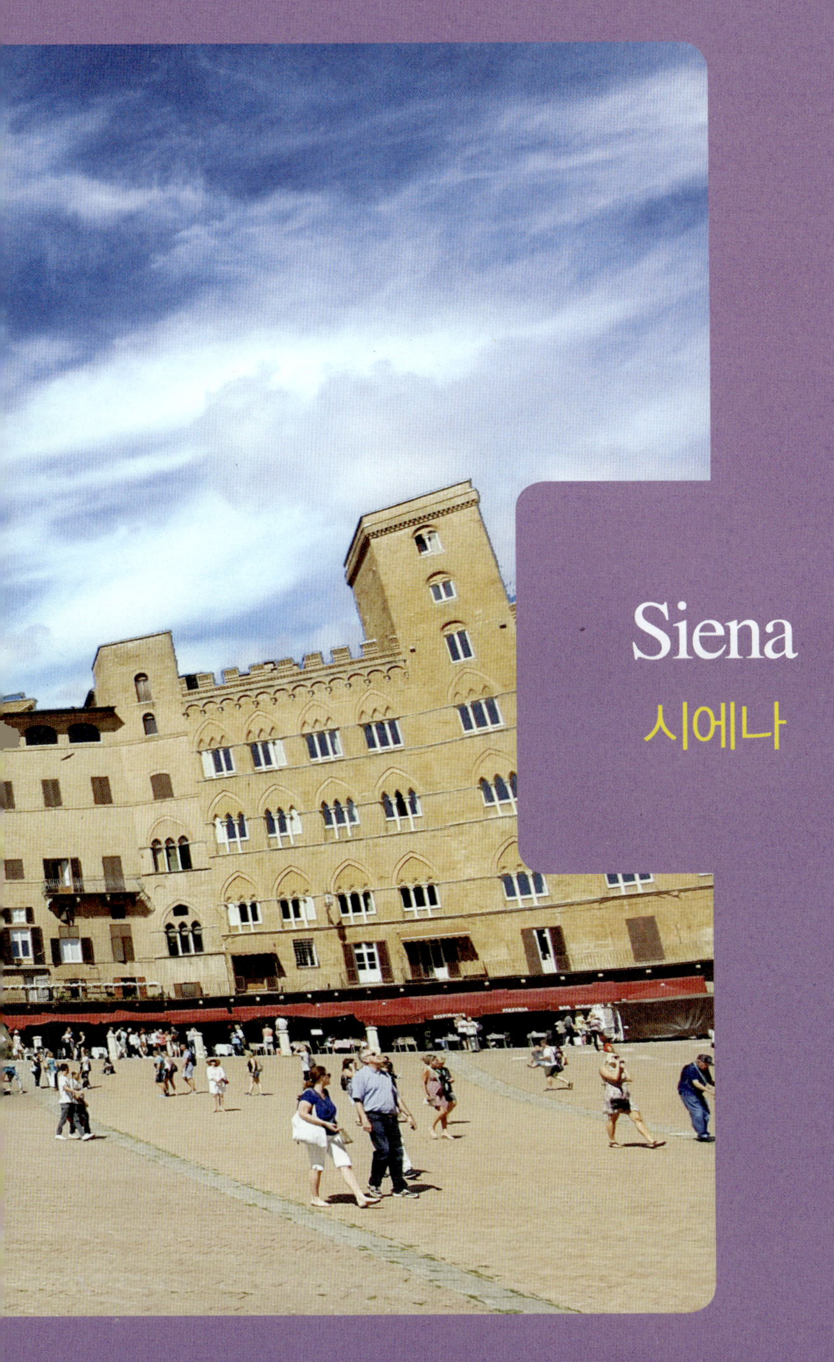

Siena

시에나

시에나

SiENA

고대 성벽에 둘러싸인 아름답고 온화한 도시, 시에나는 3개의 언덕 위에 건설된 중세 도시이다. 르네상스 시대에 피렌체와 함께 경쟁을 하면서 성장한 시에나 Siena는 결국 경쟁에서 밀려 낙오한 도시로 남게 된다.

고대에는 에투루리아 시대부터 존재한 역사가 깊은 도시이지만 중세를 거쳐 성장하여 르네상스 시대에 피렌체와 경쟁했지만 결국 르네상스 시대 초기에 멈춘 낙오한 도시에서 시간의 흔적을 볼 수 있다.

올드 타운 안으로는 차량이 진입할 수 없는 ZTL 구역이므로 반드시 입구의 주차장에 주차를 해야 한다.

시에나의 간략한 역사

'불에 탄 시에나'라고 불릴 만큼 적갈색의 웅장한 고딕 건축물들이 즐비하다. 전설에 따르면 시에나는 로마의 창시자인 '레무스'의 아들이 세웠다고 전해진다.
중세에는 독립 공화국으로 번성했지만 르네상스 초기, 피렌체와 경쟁을 하면서 도시는 점차 도태되고 말았다. 피렌체 사람들이 흑사병을 퍼뜨리려고 죽은 당나귀와 배설물을 시에나에 버리는 사건까지 발생할 정도였다니 경쟁이 얼마나 치열했는지 짐작할 수 있을 것이다.

시에나 화파 & 경주 대회

시에나도 피렌체 못지않게 예술가들에게 지원을 아끼지 않으면서 시에나 화파가 생겨나고 성 카타리나, 성 베네딕트를 배출하기도 했다. 17개의 지역으로 나누어져 매년 10개 지역을 선발해 독특한 말 경주를 7월 2일부터 8월 16일까지 캄포광장에서 열고 있다.

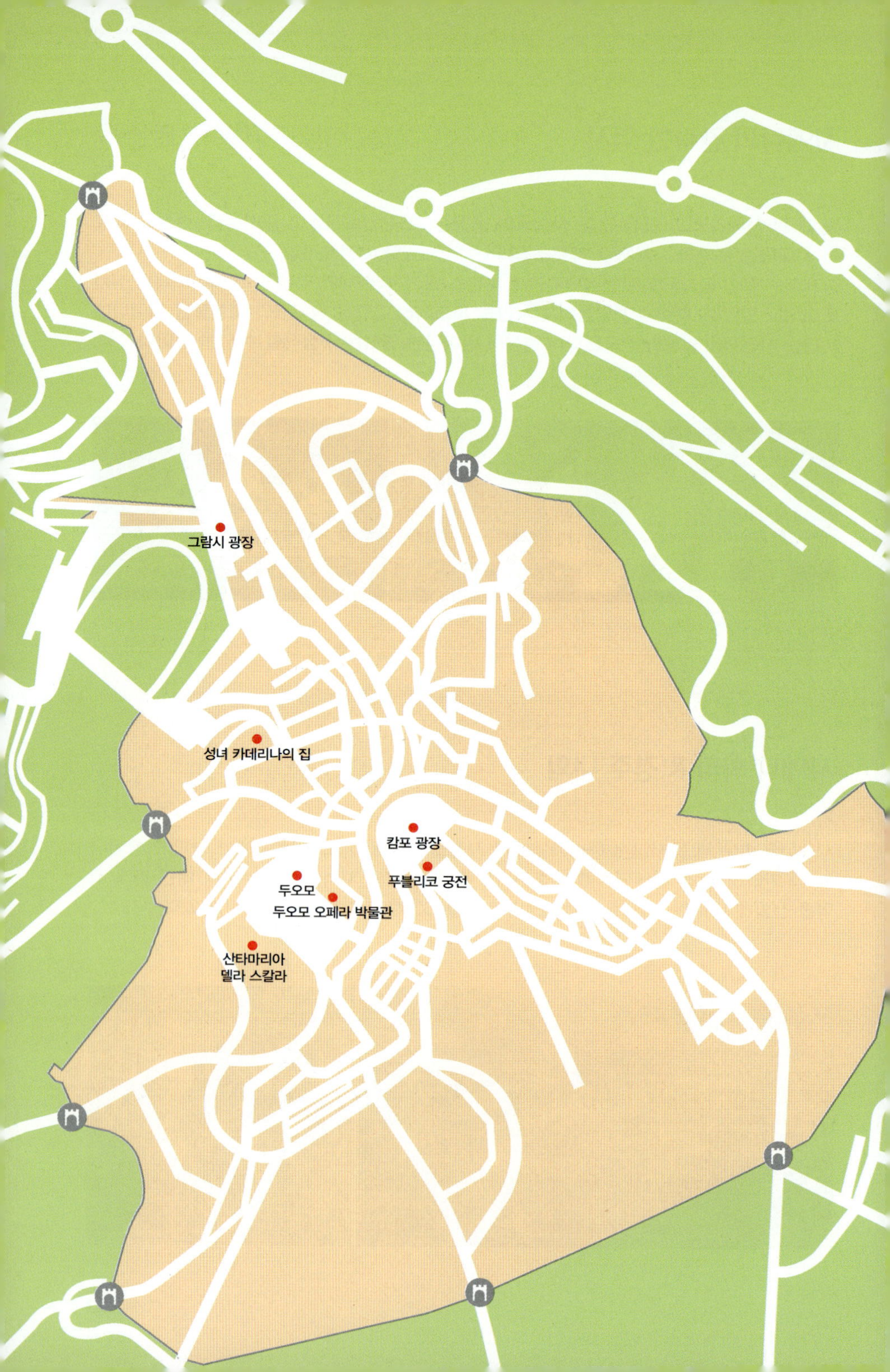

그람시 광장
성녀 카데리나의 집
캄포 광장
두오모
두오모 오페라 박물관
푸블리코 궁전
산타마리아
델라 스칼라

캄포광장
Plazza del Campo

캄포라고 부르는 캄포광장Plazza del Campo은 거대한 조개모양으로 9개 지역으로 이어진다. 부채꼴 모양은 중세시대에 시에나를 지배한 9개 지배자를 상징하고 있다.
광장의 중앙 위쪽에는 13세기에 분수를 만들어 시민들에게 식수를 공급한 가이아 분수Fonte Gaia의 모조품이다.

푸블리코 궁전
Palazzo Pubblico

광장의 가장 아래 부분에는 고딕 건축의 백미인 푸블리코 궁전Palazzo Pubblico이 있는데, 현재도 일부가 시청으로 사용되고 있다.

13~14세기에 시청으로 지어진 건축물은 내부에 암브로조 로렌체티Ambrogio Lorenzetti의 프레스코화인 '선한 정부, 나쁜 정부의 비유'가 전시되어 있다. 또한 시모네 마르티니의 마에스타도 많이 보는 작품이다. 그 옆에는 102m 높이의 만자의 종탑에 올라가 시에나 전경을 본다면 시에나에 반할 것이다.

€ 통합 입장료 25€ (종탑 15€ / 시립 박물관 12€)

시모네 마르티니의 몬테마시성을 포위한 귀도리치오

시모네 마르티니의 마에스타

암브로조 로렌체티의 선한 정부, 나쁜 정부의 비유

아름다운
시에나 전경

두오모 미술관
Museo Duomo

두오모 광장 옆에는 건축물뿐만 아니라 미술관도 있다. 성당을 장식하던 주요 미술품들이 있는데, 조반니 피사노의 12개 대리석 동상, 두치오의 마에스타 등도 포함된다.

성당 뒤편에 있는 세례당의 정면은 고딕양식으로 실내는 자코포 델라 퀴레치아^{Jacopo della Quercia}가 글자를 세긴 15세기의 프레스코화, 도나텔로, 기베르티의 조각으로 장식하였다.

15세기 본시뇨리궁^{Pallazzo Buonsignon}은 현재 국립 회화 미술관^{Pinacoteca Nazionzle}으로 사용된다. 이 미술관은 시에나 화파의 작품들, 두치오의 프란체스카의 마돈나, 시모네 마르티나의 밤비노의 마돈나, 암브로지오 로렌체티이 마돈나 연작 등이 대표적이다.

두오모 둘러보기

성모 마리아에게 봉헌하기 위해 만든 성당은 로마네스크와 고딕 양식이 합쳐진 건축 양식으로 화려한 줄무늬 대리석 색감에 금빛의 모자이크로 장식하였다. 시에나가 피렌체와 경쟁하던 시기의 건축물은 시에나의 화려한 영광을 보여준다.

하얀 색과 검은 색 줄무늬의 대리석 기둥은 입구에서 보면서 탄생을 자아낸다. 내부의 하얗고 검은 색의 줄무늬는 시에나 시의 문장을 상징하는데, 독특하게 장엄한 느낌을 느낄 것이다.

40명의 예술가가 만든, 바닥의 모자이크를 지나치지 않고 보게 된다. 로마의 건국 신화에는 레무스의 아들 아스키우스, 세니우스는 암늑대 조각상을 훔쳐서 시에나에 도시를 세우게 된다. 아스키우스는 검은 말을, 세니우스는 하얀 백마를 타고 온 것을 형상화해 시에나의 문장과 색으로 결정하게 된다.

피콜로미니 도서관 (Libreria Piccolomini)

당시의 교황이었던 프란체스코 피콜로미니는 장서를 보관하기 위한 미니 도서관 건립을 지시한다. 피콜로미니의 일생을 담은 프레스코화로 장식하고 정면 중앙에는 그리스 로마 신화에 나오는 내용을 조각하였다.

◀ 파란색 테두리에는 100개의 별이 중심에서 퍼져나가면서 5개의 열로 장식했다. 내부를 비추고 바람이 통하도록 설계했다.

▲ 성 요한의 청동상

▲ 니콜라 피사노가 아들과 함께 만든 8각형의 설교단

세례당 (Battistero)

두오모 입구 건너편의 계단을 따라 내려가면 작은 문이 세례당의 입구로 금장식의 청동 세례반이 있다. 하단의 청동부분은 도나텔로의 헤롯왕의 향연과 기베르티의 세례 받는 예수 그리스도 작품이 있다.

두오모 오페라 박물관 (Museo del Opera)

두오모 광장 옆에는 건축물뿐만 아니라 박물관도 있다. 성당을 장식하던 주요 미술품들이 있는데, 조반니 피사노의 12개 대리석 동상, 두치오의 마에스타 등도 포함된다.

성당 뒤편에 있는 세례당의 정면은 고딕 양식으로 실내는 자코포 델라 퀘레치아 Jacopo della Quercia가 글자를 세긴 15세기의 프레스코화, 도나텔로, 기베르티의 조각으로 장식하였다.

마에스타(Maesta)
장엄하다를 뜻하는 이탈리아어를 붙일 정도로 대단한
작품으로 아기 예수를 안은 성모 마리아와 천사들이
둘러싼 구성을 보여준다.

피네스트라 (Finestra)
에나 화파의 창시자인 두초 디 부오닌세냐(Duccio di
Buoninsegna)의 작품으로 최후의 만찬을 스테인드글라스로
표현했다.

15세기, 시에나 화파의 작품들, 두치오의 프란체스카의 마돈나, 시모네 마르티나의 밤비노
의 마돈나, 암브로지오 로렌체티의 마돈나 연작 등이 대표적이다.

🌐 www.operaduomo.siena.it
🏠 Piazza del Duomo 8
🕐 10～19시(4～10월 : 토요일&공휴일 전날 10시 30분～18시, 일요일과 공휴일 13시 30분～18시)
　10시 30분～17시 30분(11～3월 : 토요일&공휴일 전날 ～17시, 일요일과 공휴일 13시 30분～17시)
€ 두오모 통합 3일권 13€ (두오모+도서관+오페라 박물관+지하유적+세례당 / 바닥 공개시 15€)
　두오모 통합 + 천국의 문 3일권 20€ (6세 이하 무료)

Arezzo
아레초

푸르른 하늘이 인상적인 이탈리아 토스카나 주에 위치한 아레초Arezzo는 고대 로마시대 때부터 상업도시로 번영하였으며, 이탈리아의 남부와 북부를 잇는 교통의 요지로 자연스럽게 상업과 공업이 발달하였다. 중세 시대로 그 기원이 거슬러 올라가는 마상 대회인 조스트라 델 사라치노가 열리는 것으로 알려져 있다.

예술가들의 고향

르네상스의 거장 미켈란젤로의 고향으로 알려진 아레초는 황금과 패션 디자인의 도시로 알려져 있다. 조르조 바사리, 아레초의 귀도, 귀토네 다레초 등 예술가들과 시인들의 고향이었다.
도시는 성 프란체스코 성당 내 피에로 델라 프란체스카의 프레스코, 성 도메니카 성당 내 치마부에의 성 십자가상 등으로 유명하다.

인생은 아름다워

아레초Arezzo는 토스카나에서 유명한 마을은 아니다. 하지만 2000년대에 잠시 인기도시로 부상할 때도 있었다. 오래되기는 했지만 이탈리아의 유명한 영화감독 로베르토 베니니가 주연과 감독을 맡은 '인생은 아름다워'의 인기가 전 세계로 알려지면서이다. 영화의 내용은 조금 슬프지만, 다른 각도에서 영화의 시각은 사람들에게 울림을 주었다.

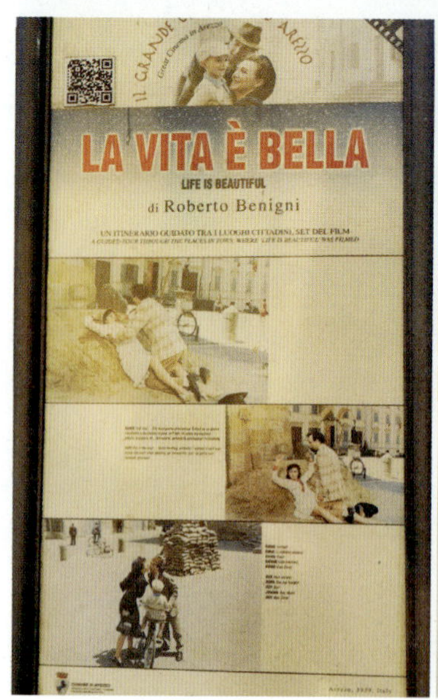

동부 피요르
The East fjords

아레초의 중심 광장인 그란데 광장^{Piazza Grande}은 중세풍의 광장으로, 산타 마리아 델라 피에
베의 13세기에 만들어진 로마네스크 양식의 애프스 뒤에 위치했다.
도시의 주요 시장이 열리던 광장은 현재는 '조스트라 델 사라치노'가 열린다. 석회석으로
된 기하학적 선이 있는 가운데 적색 벽돌로 깔린 경사진 포장도로가 깔려 있다.

두오모
Duomo

1278~1510년의 공사에도 고딕 양식의 성당은 완공이 되지 않다가 1914년에 마무리되었다. 700년이 넘는 시간 동안 지어졌지만 의외로 유명하지 않은 게 더 신기한 성당이다.
내부에는 높은 기둥으로 이어지는 천장과 바닥 사이가 길게 이어져 있다. 그 성당의 끝에 중앙 제단이 있고 스테인드글라스로 창이 높게 빛을 투과시키고 있다. 중앙 제단의 관은 아레초에서 숨을 거둔 교황 그레고리우스 10세의 관으로 그의 죽음과 함께 막달라 마리아 프레스코화가 그려져 있다.

산 프란체스코 성당
Chiesa di San Francesco

내부의 벽화연작을 보려고 찾는 관광객이 많다. 성당의 외부는 피렌체, 밀라노 등의 두오모에 비해 실망할 수 있다. 하지만 성당 안으로 들어가면 남겨진 빛바랜 프레스코화들이 먼저 보이면서 외관만 보고 실망한 자신에게 오히려 실망할 수 있다. 앞으로 나아갈수록 선명히 보이는 프레스코화는 빠져들게 된다. 이 그림들 중 가장 유명한 것은 '콘스탄티누스의 꿈'과 ' '솔로몬과 시바의 여왕'이라는 작품이다. 작품에 담겨진 이야기를 듣다보면, 종교에 상관없이 그림을 이해하고 흥미를 갖게 될 것이다.

🌐 www.pierodellafrancesca.it　🕐 9~18시 30분(4~10월 / 토요일 17시 30분까지, 일요일 13~17시 30분, 9~17시 30분(11~3월 / 토요일 17시까지 / 일요일 13~17시)　€ 12€

9 전투에서 이겨 예수의 십자가를 예루살
렘으로 옮기는 장면이다.

7 십자가를 찾아내는 장면이다.

8 십자가를 찾은 장소에서 300년이 흐른
뒤, 비잔틴 제국에서 왕좌를 장식하기
위해 십자가를 훔쳐간 호스로우와의 전
투장면이다.

1 아담의 죽음을 나타내는 그림은 오른쪽
과 왼쪽으로 나누어 그려져 있다.
중요한 그림인 왼쪽은 아담을 매장하는
장면인데, 씨앗을 아담의 입안에 넣으려
는 것으로 염을 한 것이라고 추측하고
있다.

2 무릎을 꿇고 있는 여성은 시바 여왕으로
아담의 무덤에 있던 씨앗이 자란 신성한
나무이고, 수염을 기른 왕은 지혜의 왕인
솔로몬 왕이다.

5 콘스탄티누스 대제가 군사를 이끌고 이
기길 바라는 마음에 십자가를 들고 전투
에 나가는 장면이다.

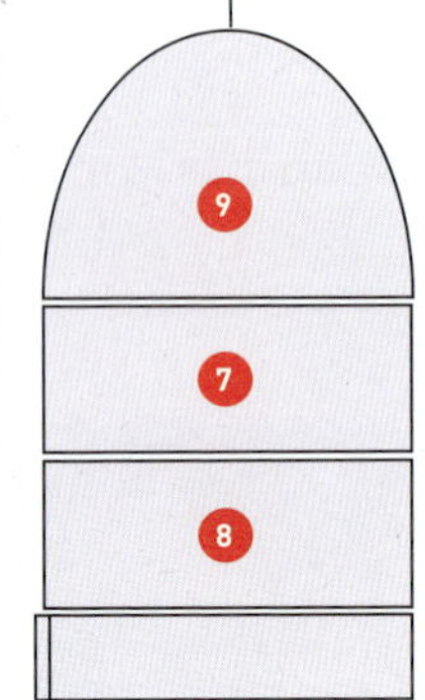

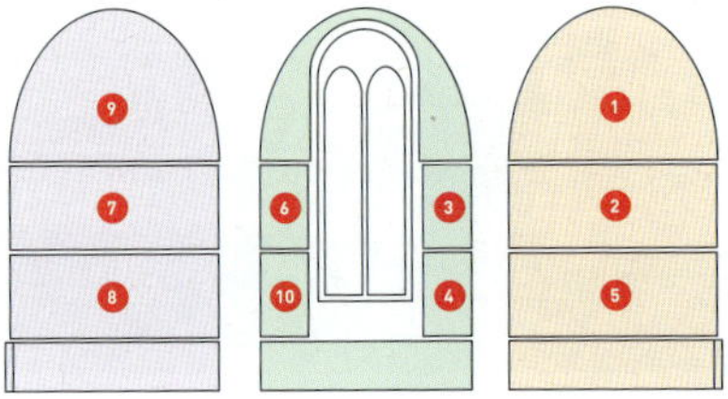

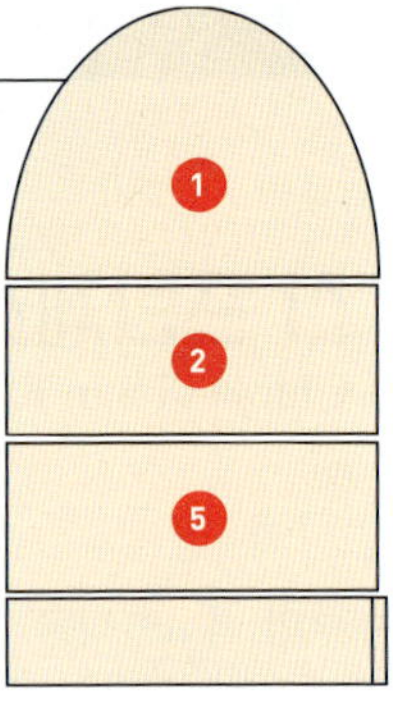

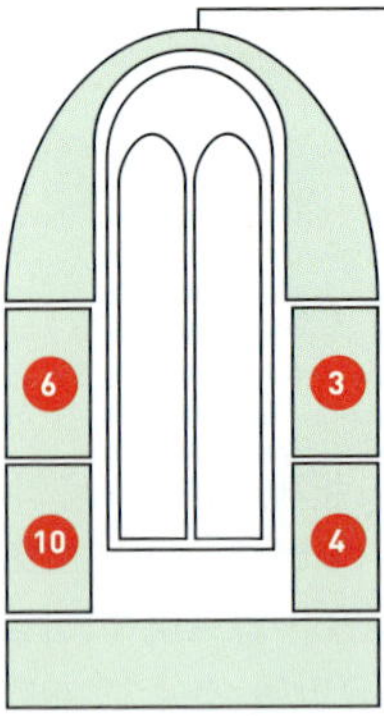

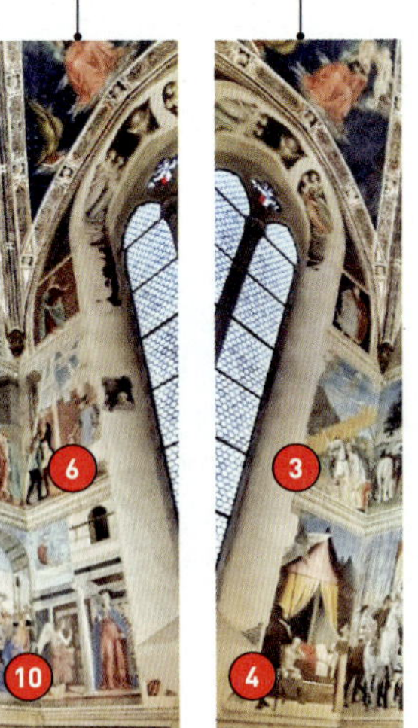

3 성스러운 나무로 만든 예수의 십자가를
찾는데, 십자가가 묻힌 장소를 아는 사람
은 유다였다. 유다를 우물에 빠뜨려 십자
가의 위치를 알게 되는 장면이다.

10 예수의 어머니 마리아가 꿈에서 천사가
아들의 이름을 예수라 지으라는 '수테고
지' 장면을 그린 그림이다.

3 솔로몬 왕이 나무를 옮기기로 결정한 장
면이다.

4 기독교를 공인한 황제인 콘트탄티누스
대제가 중요한 전투였던 막센티우스와
의 전투를 앞두고 성스러운 나무로 만든
십자가를 보는 장면이다.

Lucca

루카

루카

LUCCA

피렌체에서 서쪽으로 약 85㎞ 떨어진 루카는 피사에서 차로 1시간이면 도착할 수 있다. 중세의 도시에서 유서 깊은 건물들과 원형 성벽을 따라 올라가 보자. 르네상스 시대의 성벽으로 완전히 둘러싸인 작은 도시는 자갈길로 이루어진 길을 따라 올라가면 중세의 탑과 파스텔 색 건축물, 넓은 광장이 인상적이다. 광장은 로마네스크 양식의 성당으로 가득하다.

한눈에 루카 파악하기

계획 없이 걸어가 보는 것이다. 대부분의 도시에는 차가 다니지 않는다. 주요 도로들은 도시의 중심지인 광장과 연결되어 있다. 과거에 자리 잡고 있던 로마의 원형 경기장 모양을 본 따 타원형으로 조성된 안피테아트로 광장이 중심 광장이다. 산 미켈레 광장과 광장 안에 위치한 12세기 건물인 산 미켈레 교회는 성벽으로 둘러싸인 17세기의 파네르 궁전에서 정원을 산책하는 것도 좋다.

중세 시대의 루카에서는 수십 채의 탑이 스카이라인을 수놓았지만, 현재는 몇 채만 남아 있고, 두 곳의 탑에는 직접 오를 수 있다. 도시 방어를 위해 세워진 루카의 성벽은 한 번도 침략을 당한 적이 없다. 원형 성벽의 전체 길이는 약 4㎞에 이른다.

지금은 지면보다 높은 녹지대로 탈바꿈한 성벽 위에서 자전거를 타거나 산책을 하는 사람들을 볼 수 있다. 성벽 위의 보도를 따라 걸으며 도시의 구조를 한눈에 확인할 수 있다. 시계탑의 꼭대기에서 도시의 전경을 감상하고 귀니지 타워의 꼭대기에서 오크 나무로 조성된 옥상 정원도 감상해 보자.

산타 마리아 문
산 프레디아노 성당
안피테아트로 광장
귀니지 탑
산 도나로 광장
푸치니 생가
산 미켈레 성당
엘리사 문
산 미켈레 광장
베르디 광장
나폴레옹 광장
산 마르티노 대성당
산 피에트로 문
루카 역

매년 4월 27일

루카의 중요한 성인인 성녀 지타의 타계일로, 1년 중 안피테아트로 광장을 방문하기에 가장 좋은 날이다. 성녀 '지타'를 기리기 위해 대규모 꽃시장으로 변모하는 광장은 하루 동안 꽃의 바다를 이룰 정도로 꽃으로 뒤덮인다.

성녀 지타(Jita)

13세기 경 어느 가정의 하녀로 일하던 성녀 지타는 앞치마 가득 빵과 음식을 챙겨 가난한 자들에게 가져다 주었다. 지타가 음식을 훔친다고 생각한 주인은 어느 날 그녀에게 앞치마에 있는 것을 펼쳐 보이라고 했다. 지타가 앞치마를 펼치자 빵 조각들은 기적과도 같이 꽃으로 변해 있었다고 한다.

푸치니 & 루카 여름 축제

루카 출신이었던 자코모 푸치니는 만 22세까지 살았다. 매년 7~8월, 두 달에 걸쳐 열리는 '푸치니 축제' 동안 상연되는 푸치니의 오페라를 감상하는 것은 잊지 못할 경험이 될 것이다. 나폴레옹 광장에서 열리는 '루카 여름 축제'에는 웅장한 공작 저택을 배경으로 대규모 스크린과 무대가 세워지고, 매일 밤 공연이 펼쳐진다. 엘튼 존, 에릭 클랩튼, 제임스 브라운과 핑크 등이 나폴레옹 광장을 다녀갔다.

산 프레디아노 성당
Basilica di San Frediano

산 프레디아노 성당Basilica di San Frediano은 루카의 중심가인 비아 필룽고의 끝자락에 있는 산 프레디아니 광장에 자리하고 있다. 산 프레디아노 성당은 6세기에 최초로 성당을 세운 아일랜드 출신 주교 프리디나우스의 이름을 기려 명명되었다. 오늘날의 건축물은 12세기 중엽에 로마네스크 양식으로 지어졌다.

성당에 도착하면 가장 먼저 눈길을 끄는 것은 널찍한 파사드 위에 있는 비잔틴 양식의 금빛 모자이크이다. 그리스도의 승천을 나타내고 있는 모자이크 아래에는 12사도가 그려져 있다. 아름다운 예술 작품과 미라로 보존된 성자 등을 볼 수 있는 성당 내부 또한 외관에 뒤지지 않는다.

입구 옆에는 12세기에 제작된 세례반이 있는데, 세례반은 모세의 이야기로 조각되어 있다. 우측 측랑을 걸어 내려가면 루카의 중요한 성인인 성녀 지타의 예배실이 나온다. 성녀 지타는 유리관 안에 미라로 보존되어 있어 유리 너머로 얼굴과 손을 볼 수 있다. 1580년 무덤에서 발굴되었을 때, 성녀 지타의 시신은 부패가 거의 진행되지 않은 상태였다. 예배실 벽에는 16~17세기 회화를 감상할 수 있다.

성당의 벽과 기둥과 예배실에 전시된 프레스코화는 오랜 세월에도 불구하고 훌륭하게 보존되었다. 그 중 십자가 예배실 천장에 전시되어 있는 르네상스 화가 아미코 아스페르티니의 16세기 작품은 단연 돋보인다. 작품은 천사들과 예언자들로 둘러싸인 하나님을 그리고 있다.

🏠 Piazza San Frediano, 16, 55100 🕐 9시 30분~17시

토레 델레 오레 시계탑
Torre delle Ore

시계탑은 루카의 쇼핑 거리인 비아 필룽고^{Via Fillungo}에 위치하고 있다. 루카에서 가장 높은 토레 델레오레의 꼭대기에 올라 르네상스 성벽과 좁은 골목길을 내려다 볼 수 있다.
'토레 델레 오레'라는 이름의 시계탑의 높이는 50m로 남아 있는 탑 중에서 가장 높다. 거대한 탑은 1390년에 세워졌으며, 태엽 장치는 1752년에, 시계판은 2년 후인 1754년에 장착되었다.

중세에는 130개가 넘는 탑이 루카의 스카이라인을 장식했다. 대부분 부유한 상인 가문의 소유였던 탑들은 부와 권력을 상징하는 동시에 방어 기능을 수행했는데, 현재, 몇 개만 남

🕐 4~10월까지 개방

아 있다. 훌륭하게 보존된 207개의 목조 계단을 오르려면, 계단이 좁고 가파르니 조심해야 한다.

종탑에 올라서기 직전에 지금도 손으로 감아 동작하는 구식 태엽장치를 눈으로 확인할 수 있다. 종이 울릴 때에는 바퀴 달린 장치가 돌아가는 것도 볼 수 있다. 장치는 빠르고 시끄럽게 돌아가며 시간에 따라 종이 울리는 횟수를 조정한다.

탑 꼭대기는 루카에서 가장 높은, 14세기에 세워진 시계가 있다. 꼭대기에 오르면 아름다운 루카의 전경과 토스카나 지방의 산들이 한눈에 들어온다. 저 멀리 머리 위에 오크나무 숲을 얹고 있는 귀니지 타워도 볼 수 있다.

안피테아트로 광장
Piazza Anfiteatro

고대 로마의 검투사들이 경합을 벌이던 매력적인 광장에서 카페에 앉아 진한 에스프레소 커피를 마시며 지나가는 사람들을 구경하며 여유를 즐길 수 있다. 서로 다른 높이의 밝은 색 건물들이 광장을 둘러싸고 있다. 광장은 2세기 경 전차 경주가 열리던 고대 로마의 원형 경기장 폐허 위에 조성되었다.

최대 10,000명의 관객을 수용할 수 있던 원형 경기장은 검투사들이 목숨을 걸고 시합을 벌이던 곳이다. 로마 제국 멸망 이후 감옥, 도살장, 소금 창고 등으로 사용되었다가 지금은 레스토랑과 카페, 상점들이 즐비한 광장으로 변화했다.

안피테아트로 광장은 4곳의 아치형 문으로 들어갈 수 있다. 광장에 들어서면 광장이 타원형으로 되어 있음을 알 수 있다. 고대 원형 경기장의 모양을 본 따 타원형으로 조성된 광장은 로마의 유산을 상징한다. 타원형의 외부를 둘러보면 로마 시대에 사용되었던 기존 벽돌이 오늘날의 건물들에 짜 넣어진 것을 볼 수 있다.

⌂ Piazza dell'Anfiteatro

betty blue
ELETTR
www.lesorelle.toscana.it

귀니지 타워
Torre Guinigi

루카의 스카이라인을 장식하는 귀니지 타워는 약 44m에 달하는 꼭대기에 수 백 년 된 털 가시나무 정원을 품고 있다. 털 가시나무로 덮인 중세의 탑 너머로 루카의 경관을 한눈에 감상할 수 있다.

14세기 후반, 귀니지 가문에서 부를 과시하기 위해 건립한 붉은 벽돌의 귀니지 타워는 귀니지 성에 인접하게 조성되었다. 당시 부유한 가문들은 앞 다투어 가장 높고 멋진 탑을 쌓곤 했다. 이렇게 조성된 탑들은 외부의 공격에 맞서 보호하는 기능도 담당하였다.

널찍한 돌계단을 230개 올라 정상 부근의 좁아지는 곳을 통과하면 꼭대기가 나온다. 계단 곳곳을 장식하는 벽화에는 루카와 피사 사이의 피비린내 나는 전투 등, 루카의 역사적인 순간들이 담겨 있다. 이탈리아 어로 글이 씌어져 있어 의미는 알 수 없지만 각 그림이 어떤 상황을 나타내는지는 파악할 수 있을 것이다.

🌐 Via Sant'Andrea, 55100　🕐 9시 30분~18시 30분

꼭대기의 나무

학자들에 의하면 이곳에 심어진 나무들은 재탄생과 권력을 상징한다고 한다. 현재, 나무들은 햇볕이 쨍쨍한 날이면 시원한 그늘을 제공해 주고 있다.

탑의 풍경

탑에서 보이는 도시의 경관은 과거에 고대 원형 경기장이 있었으며 지금은 광장이 된 타원형 부지를 쉽게 찾을 수 있다. 주변의 산과 성당의 탑, 건물의 지붕도 볼 수 있다.

🏠 Via Degli Asili 33,55100

파네르 궁전
Palazzo Pfanner

루카에서 가장 우아한 명소인 파네르 궁전의 바로크 양식의 장엄함을 직접 느껴볼 수 있을 것이다. 17세기에 지어진 파네르 궁전은 프레스코화와 성벽으로 둘러싸인 정원과 클래식 음악 공연으로 유명하다. 이곳은 1660년대에 부유한 모리코니 가문에 의해 건립되었다. 그 후 여러 가문의 손을 거치다 1856년 파네르 가의 소유가 되었다. 파네르 궁전은 오늘날까지도 파네르 가에서 소유하고 있다.

18세기 초 프레스코화로 장식된 거대한 영빈관에서 궁전 관람을 시작한다. 영빈관 너머의 여러 방들을 둘러보며 서로 다른 시대의 가구와 비품을 비교해 보면 각 특징을 찾을 수 있

356

을 것이다. 1692년 덴마크와 노르웨이의 프레데릭 왕자가 머무는 동안 이용한 캐노피 침대와 19세기 식기로 꾸며진 식당을 볼 수 있다.

수술 도구와 의료 기구가 전시된 상설전에서 19세기 후반의 의료 기술을 알 수도 있는 경험이 될 것이다. 전시된 기구들은 1920~1922년까지 루카의 시장을 맡았던 외과의사 피에트로 파너Pietro Pfanner의 소유였다. 절단 도구와 초기 혈압 측정 기구, 19세기 환자들에게서 추출된 해부학 표본을 볼 수 있다.

이탈리아 양식 정원

지중해 식물들과 분수, 조각상과 테라스, 잔디밭 사이를 둘러보면 고대 그리스와 로마 신화에 나오는 신들의 조각상으로 둘러싸인 8각 분수에 앉아 휴식을 취하고, 레몬 나무에 주렁주렁 달린 레몬의 향기도 가슴 깊이 들이마셔 보자. 정원은 영화 제작자들도 주목했다. 니콜 키드먼과 존 말코비치가 주연한 1996년 작 '여인의 초상'이 촬영되기도 했다.

산 마르티노 대성당
Duomo di San Martino

산 마르티노 대성당^{Duomo di San Martino}은 무려 11세기 경부터 루카에 있었다. 기존의 구조물은 거의 남아 있지 않으며, 12세기 이후 진행된 보수 작업으로 지금의 정교한 건축물이 탄생하게 되었다. 십자가에 매달린 예수상도 전시되어 있다.

외관
상층부의 기둥은 조각상과 기하학적 조각물로 꾸며져 있다. 기둥머리는 특이하게도 인간과 동물의 기이한 형상으로 조각되어 있다. 줌 기능이 좋은 카메라를 준비하면 자세히 살펴볼 수 있다.

3개의 아치로 되어 있는 하부 파사드는 오른쪽 아치가 나머지 2개보다 작은 비대칭 구조이다. 중앙 아치의 오른쪽 윗부분에는 성당이 기리는 산 마르티노의 조각상이 있다. 말 위에 올라타고 있는 산 마르티노는 거지와 외투를 나누어 입고 있다. 조각상은 성당 입구 안쪽에 보존되어 있는 13세기 작품의 모사품이다. 성당 입구 포치의 얕은 돋을새김을 자세히 보다 보면 고트족들에 의해 참수되는 성 레굴루스의 이야기를 볼 수 있다.

내부
루카에서 가장 신성한 유물이 보존되어 있는 8각형의 예배실에서 루카의 성스러운 얼굴을

보자. 볼토 산토 디 루카는 정교하게 만든 예수 그리스도의 조각이 목재 십자가에 매달려 있는 작품이다. 전설에 따르면 예수의 시신 매장을 준비한 니고데모가 직접 볼토 산토 디 루카를 조각했다고 한다. 학자들은 대체로 오늘날의 볼토 산토 디 루카를 원본의 모사품이라 본다.

일라리아 델 카레토의 묘

1405년 세상을 떠난 이탈리아의 귀족 여성 일라리아 델 카레토의 묘에는 조각이 인상적이다. 아름다운 대리석관의 뚜껑에는 누워 있는 일라리아와 그녀의 발밑에 앉아 있는 강아지가 조각되어 있고, 석관 측면에는 발가벗은 아기 천사들이 조각되어 있다.

■ 주소 : Piazza Antelmineili, 55100
■ 시간 : 9시 30분~19시(3월15일~11월2일 / 이외는 17시까지, 토요일 19시, 일요일 18시까지)
■ 요금 : 13€ (성당+박물관+종탑 통합권 / 성당만 6€)

나폴레옹 광장
Piazza Napoleone

기차역에서 도보로 10분 거리, 베르디 광장 버스 정거장에서 약 400m 떨어져 있는 루카 최대의 나폴레옹 광장은 루카에서 가장 붐비는 곳이다. 매일 수많은 관광객들이 콘서트와 분위기 있는 카페, 멋진 건축물과 넓은 공간, 울창한 나무를 자랑하는 나폴레옹 광장을 방문한다.

루카의 주 광장인 나폴레옹 광장은 큰 광장이라고 불린다. 광장에 서있는 동상의 주인공인 1805~1815년까지 루카를 지배하였던 엘리자 보나파르트가 그녀의 오빠 나폴레옹을 기려 조성하였다.

광장을 둘러싼 중요한 건물

■ 엘리자 보나파르트의 저택
위풍당당하게 서 있는 장엄한 공작 저택은 과거 엘리자 보나파르트의 저택이었으며, 지금은 루카 지방 정부가 자리하고 있다. 공작 저택은 800년이 넘는 세월 동안 루카의 정치, 행정의 중심지였다.

■ 질리오 극장
이탈리아에서 가장 오래된 극장 중 하나인 질리오 극장은 17세기 중엽에 설립되었다. 극장에서는 봄에 무용 공연, 오페라, 클래식 공연 등이 열린다.

산 미켈레 광장
Piazza San Michele

루카 도심에 위치한 산 미켈레 광장은 2000년이 가까운 세월 동안 루카의 시민 삶의 중심지 역할을 해 왔다. 고대 로마의 포룸이 있던 곳이자 개선식이 거행되고, 공공 연설, 상업이나 정치 활동이 이루어지던 곳이었다. 1548년, 참수당한 16세기의 유명 정치인 프란세스코 부라마치Francesco Burlamacchi의 동상도 볼 수 있다.

고대 로마의 포룸이 위치했던 광장에는 완공되지 않은 성당이 서 있다. 12세기의 웅장한 산 미켈레 성당이 광장을 압도한다. 광장은 성당의 이름을 기려 명명되었다. 성당은 200년이 넘는 세월 동안 건축이 진행되었으나, 완공되지 못했다. 건립 자금 부족으로 공사가 중단되어, 결과적으로 건물 자체보다 정면 파사드가 더 큰 구조가 되었다.

새하얀 대리석으로 이루어져 있는 밋밋한 하부와는 대조적으로 상부는 정교한 조각, 꼬인 기둥과 아치로 화려하게 장식되어 있다. 꼭대기에는 용을 물리치는 대천사 미카엘의 대리석상이 있다. 교회로 들어가면 프레스코 벽화와 회화, 조각의 향연이 펼쳐진다. 성모 마리아와 아기 예수의 테라코타상은 단연 눈에 띈다.

🏠 Piazza San Michele   🕐 8시 30분~12시, 15~18시(주말 미사시 입장 불가)

비블리오테카 스타탈레 디 루카
Bibloteca Civica Agora

루카의 주립 도서관인 비블리오테카 스타탈레 디 루카에는 서적, 팜플렛, 필사본 자료들이 비치되어 있다. 철학에서 종교, 인문학 등 다양한 분야의 서적을 만나 볼 수 있다.
비블리오테카 스타탈레 디 루카는 50만 권에 이르는 책과 3,000여 종의 정기 간행물을 소장하고 있다. 이곳의 자료는 17세기에 설립된 산프레디아노 라테란 성전 도서관의 소장본을 물려받은 것이다.

1158년에서 1163년에 걸쳐 빙엔의 성 힐데가르트가 2번째 철학서로 저술한 '책임 있는 인간'의 원본이 있다. 아브라함 오르텔리우스가 엮은 지도책 '세계의 무대'는 16세기에 제작된 이 지도책을 진정한 의미에서의 최초의 지도책이라 여긴다. 15세기에 루카의 한 주교가

소장하고 있던 '로마 미사 전례서'도 비치되어 있다.

컬렉션에는 루카의 부유한 귀족 가문의 문장과 족보가 포함되어 있다. 500여 종에 이르는 푸치니의 미발표 곡을 비롯하여 편지와 서명 본, 직접 쓴 글을 볼 수 있다. 대중에게 공개되어 2개의 룸에는 전시 도서가 비치되어 있고, 자료실에는 역사적 가치가 뛰어난 희귀 도서가 비치되어 있다.

🏠 Via delle Trombe 6, 55100   🕐 9시 30분~19시 30분(일, 월요일 휴무)

🌐 Piazza del Giglio 13/15, 55100

질리오 극장
Teatro del Giglio

19세기 초에 설계된 역사적인 시립 극장인 질리오 극장은 루카에 있는 아름다운 신고전주의 양식의 극장이다. 플러시 천을 씌운 객석의 고풍스러운 분위기의 극장은 연중 내내 오페라 공연과 연극뿐만 아니라 아이들을 위한 어린이 프로그램, 워크숍, 강습도 개최한다.

극장은 생긴 것은 1600년이었지만 1675년이 되어서야 전용 건물을 가질 수 있었다. '공공극장Teatro Pubblico'으로 불리던 원래 건물은 1688년에 화재로 소실되었다. 이후 이탈리아 건축가 지오바니 라자리니Giovanni Lazzarini에게 신고전주의 양식의 새 극장을 설계하는 임무가 주어졌고, 1819년에 새 극장이 개관하게 되었다.

극장의 프로그램은 서정Lyrical, 산문Prose, 무용Dance 등 테마별 시즌으로 나뉘어져 있다. 봄철과 가을철에는 '아페리티프 콘서트aperitif concerts'가 매주 일요일 아침에 열린다. 루카 출신 작곡가 푸치니의 작품이 자주 무대에 오른다.

극장의 도서관은 4,000여 권의 책과 75권의 정기 간행물뿐만 아니라 1985년부터 무대에 오른 공연을 녹화한 고유한 영상 기록물 컬렉션을 소장하고 있다.

Pisa

피사

피사의 사탑으로 유명한 피사는 리쿠리아 해 아르노 강둑에 자리한 복잡한 항구도시이자 중요한 대학도시이기도 하다. 지금은 피사를 세계 문화유산으로 지정된 피사의 사탑과 두오모를 보기 위해 찾는다. 푸른 잔디 위에 하얀 대리석이 아름다운 피사는 지동설을 주장한 갈릴레이가 태어난 곳이기도 하다.

간략한

피사의 역사

11세기 말에 제네바, 베네치아와 대립하는 강력한 해상 공화국으로 위상이 높은 도시였다.

12세기에는 십자군 전쟁에 참가하였고 스페인과 북아프리카와의 교역은 피사에 막대한 상업적인 부를 안겨 주었다.

1284년, 제노바에 패한 후 쇠락하기 시작해 1406년에 피렌체에 정복당하기도 하였지만 문화의 중심지로 계속 번영했다.

피사는 대부분이 ZTL 구역이므로 주차장을 먼저 찾아 주차를 하고 여행을 시작한다. 피사의 사탑 근처로 이동하면 미라클리 광장(Piazza dei Miracoli)의 주차장에 주차하고 걸어서 이동하면 된다.

피사의 사탑
Torre Pendente

'피사Pisa'라는 단어를 들으면 누구나 생각나는 단어가 피사의 사탑이다. 서 있는 것이 신기할 정도로 위태롭게 기울어 있는 이 탑은 12세기 부유한 해상 공화국을 이룩한 피사의 영광을 기념하기 위해 두오모의 부속 건물로 건설하기 시작한 것이다. 그러나 1173년에 시작된 공사는 3층이 완성되기도 전인 1274년부터 기울기 시작해 공사가 중단됐다가 1350년에 지금의 모습인 8층탑으로 완성되었다.

처음에는 탑이 기우는 이유를 기초 공사로 보고 2층부터는 수직으로 짓기 시작했으나 탑은 계속해서 기울어졌다. 탑은 몇 백 년에 걸쳐 조금씩 기울어져 지금은 눈으로도 구분될 정도로 많이 기울었는데, 지반이 약한 충적토인 피사의 지질 때문에 기울어지는 것으로 알려지고 있다.

탑은 완공 당시인1350년에는 수직으로부터 1.4m가 기울었고, 매년 1mm씩 더 기울어져 1995년 수직에서 5.4m가 기울어졌다. 1990년부터 붕괴의 위험이 증가되어 관광객의 입장이 금

지되었고 11년에 걸친 보수공사를 한 끝에 2001년 12월에 다시 개방하였다. 보수공사가 시작될 당시만 해도 사탑의 기울기극 바로잡는 것이 힘들 것이라는 전망이 많았지만 공사 팀은 탑의 기울기를 44㎝ 바로 잡아 1838년의 상태로 돌려놓는데 성공했다.

중력의 법칙을 무색하게 만드는 이 탑의 꼭대기에서 갈릴레이는 무게가 다른 물체라도 같은 속도로 떨어진다는 중력 실험을 했다고 전해진다.

🌐 Pisa del Duomo, 56126   🕗 8시 30분~22시(6월 17일~8월 31일 / 9월, 9시부터 / 10월 19시까지 / 11~3월 9~18시)
€ 21€

세례당
Battistero

두오모 앞에 독립적으로 서 있는 우아한 세례당은 1153년에 로마네스크 양식으로 착공된 것이었으나 1세기 후에 니콜라 피사노와 조반니 피사노에 의해 고딕 양식으로 완성되었다. 니콜라 피사노가 만든 세례당과 설교단은 '그리스도의 탄생, 십자가에 매달린 예수, 최후의 심판' 등이 조각되어 있다.

🏠 Pisa del Duomo, 5612610 🕐 8~20시(4~9월 / 10월은 9~19시 / 11~3월은 9~18시까지) € 9€

두오모 성당
Duomo di Pisa

토스카나 지방에서 가장 훌륭한 로마네스크 양식의 아름다운 성당으로 알려져 있다. 지금은 피사라고 하면 누구나 사탑을 떠올리지만 사탑은 두오모의 종탑으로 지어진 부속건물에 불과하다. 두오모는 팔레르모 해전의 승리를 기념하기 위해 1064년 착공하여 13세기에 완성된 것으로 4단 정면은 기둥과 블라인드 아케이드가 혼합되어 있다.

내부는 68개 가둥으로 구성되었다. 사탑과 마주하고 있는 교회당 청동문은 보나노 피사노가 설계하였지만 16세기 화재로 전소되자 지암 볼로냐가 다시 설계하였다. 1153년에 착공한 대리석 예배당은 완성하는데 200년이 걸려 만든 대작이다. 조반니 피사노가 설계한 매력적인 고딕 양식의 설교단과 헨리 7세의 무덤이 있다. 설교단 앞에는 갈릴레이가 흔들리는 램프를 보고 진자의 원리를 발견한 계기가 된 '갈릴레이의 램프'가 있다.

🌐 Pisa del Duomo, 5612610　🕐 10~20시(4~9월 / 10월은 19시까지 / 11~3월은 18시까지)　€ 무료

Montalcino
몬탈치노

시에나Siena에서 남쪽으로 40㎞ 정도 떨어져 있는 몬탈치노Montalcino는 800년경에 처음 정착이 시작되었다. 중세 시대의 거점으로 성장했으며 후에 브루넬로 디 몬탈치노Brunello di Montalcino 와인의 생산으로 세계적인 명성을 얻었다.

와인의 향기에 취하는 몬탈치노

세계 최고의 와인 중 하나인 브루넬로 디 몬탈치노로 유명한 몬탈치노는 30분만 걸으면 마을을 다 돌아볼 수 있을 정도로 작은 마을이다.

작은 마을 안에는 브루넬로 와인을 즐길 수 있는 많은 와인 샵, 에노테체가 저마다 자리를 잡고 있다. 와인에 관심이 있던 없던 몬탈치노에 방문하게 되면 꼭 마셔보기를 추천한다.

올드 타운은 모두 차량의 이동이 불가능한 ZTL 구역이다. 성벽 바깥에 주차를 하면 된다.

몬탈치노 파악하기

포도 재배로 유명한 언덕 위 마을은 장엄한 요새와 교회, 광장으로 채워진 벽으로 둘러싸인 구시가지가 있다. 와인, 역사, 자연을 사랑하는 사람들이 그림 같은 몬탈치노^{Montalcino} 마을을 찾는다. 토스카나^{Tuscany}의 발 도르시아^{Val d' Orcia} 위쪽 언덕에 자리 잡고 있는 몬탈치노는 와인 가게인 에노테체^{Enotece}, 고대 유적지, 박물관이 혼합되어 있다.

벽으로 둘러싸인 역사적인 지역의 십자형 교차로와 계단은 걸어서 돌아다니면서 중세 분위기를 느끼기에 적당하다. 1300년대에 지어진 요새인 몬탈치노 요새^{Fortezza di Montalcino}에서 주위를 둘러보자. 탑과 성벽에서는 주변의 계곡, 포도원, 과수원의 전망을 즐길 수 있다.

요새에서 포폴로 광장Piazza del Popolo까지 길을 따라 가면 아치형의 로지아Loggia와 시청 청사인 프리오리 궁전Palazzo dei Priori 등 건축물을 볼 수 있다. 근처에는 주목할 만한 코린트 양식의 입구와 골동품 컬렉션으로 유명한 키에사 디 산타고스티노Chiesa di Sant'Agostino와 몬탈치노 대성당 Montalcino Cathedral이 있다.

도시의 유서 깊은 건물들이 공간을 차지하고 있다. 시간을 내서 브루넬로 디 몬탈치노 와인을 즐기거나 카페 테라스에서 커피를 마시면서 여유를 즐겨보자.

몬탈치노 요새
Fortezza di Montalcino

몬탈치노는 요새의 도시라고 할 정도로 요새는 몬탈치노에서 상징과도 같은 존재이다. 재즈 와인 페스티벌과 마을의 축제에는 항상 요새에서 축제가 열린다. 성채에서 바라보는 토스카나 지방의 풍경을 360도로 바라볼 수 있는 몇 안 되는 장소이기도 하다.

주소_ Piazzale dello Fortezza, 53024

프리오리 궁전
Palazzo dei Priori

현재는 시청사로 사용되고 있는 우리가 생각하는 궁전과는 완전히 다른 모습이다. 시계탑에 높이 있는 건물이 궁전인데 13세기에 건설되어 작은 마을의 정치적인 일들을 처리했다.
성곽도시인 만큼 화려한 궁전보다는 마을을 지킬 목적으로 적을 감시하는 목적으로 만들어져 몬탈치노의 모든 일을 처리하는 공간이다.

그레베 인 키안티 (Greve in Chianti)

피렌체와 시에나 도시 사이에 위치한 그레베 인 키안티Greve in Chianti는 토스카나에서 포도밭으로 가장 아름다운 작은 도시일 것이다. 키안티는 넓은 들판에 포도나무와 올리브나무가 쭉 늘어선 풍경이 있는 곳이다. 토스카나의 찬란한 햇빛을 받은 포도로 만든 키안티 와인이 유명한 곳이다.

이곳의 마을들은 중세의 모습을 유지하며 그때나 지금이나 포도밭과 올리브나무를 지켜 나가고 있다. 키안티의 와이너리는 할아버지가 아버지에게로, 아버지가 아들에게로 전통의 가치를 이어 나가는 곳으로 가치를 아는 사람들이 키안티 와인의 깊은 맛을 느끼기 위해 언제나 이곳을 찾아온다. 토스카나의 넓은 언덕을 따라 조용히 불어오는 바람과 여유로운 사람들, 싱그러운 포도향을 느끼고 싶을 때가 있다. 토스카나 햇살이 가득 담긴 와인과 함께 키안티를 즐겨보는 것은 새로운 경험을 할 수 있을 것이다.

이곳에서 대체로 생산하는 와인은 비노 노벨레 디 몬테풀치아노다. 90%의 산지오 베제를 사용하고 카나이올로를 블렌딩한 와인으로 체리와 자두, 바이올렛 아로마 향이 느껴진다. 비노 노벨레 디 몬테풀치아노는 1960년 대 이후 처음 포도나무를 식재해 만든 와인의 고급화를 이룬 지역이다. 농익은 과일 풍미와 함께 토양의 영향으로 부드럽게 목넘김이 와인을 처음 접한 사람들도 마실 수 있다.

San Gimignano

산 지미냐노

토스카나 들판을 달리다 보면 포도밭과 올리브나무 언덕 위로 우뚝 솟은 산 지미냐노San Gimignano를 볼 수 있다. 산 지미냐노는 잘 보존되어있는 12개의 성곽들이 있어, 중세 건축으로 유명한 탑의 도시이다. 작은 마을이지만 곳곳에 솟아 있는 중세의 탑들과 구불구불 골목길을 걷는 재미가 있다.

작은 마을이 탑의 도시로 불리는 이유는 당시 귀족들이 저마다 자신의 권세를 과시하기위해, 경쟁적으로 쌓아올리면서 시작되었다. 그 결과 중세 시대가 끝날 무렵 귀족들은 무려 72개의 탑을 건설했다고 한다. 하지만 번성했던 산 지미냐노는 페스트, 즉 흑사병의 피해를 받아, 도시 인구의 절반 가까이가 사망하며 쇠퇴하기 시작했다. 그 후에 발전이 더디게 이루어지면서 중세마을로 보존되었으며, 역사적 가치를 인정받아 세계문화유산에 등재되면서 관광지로 발돋움하게 되었다.

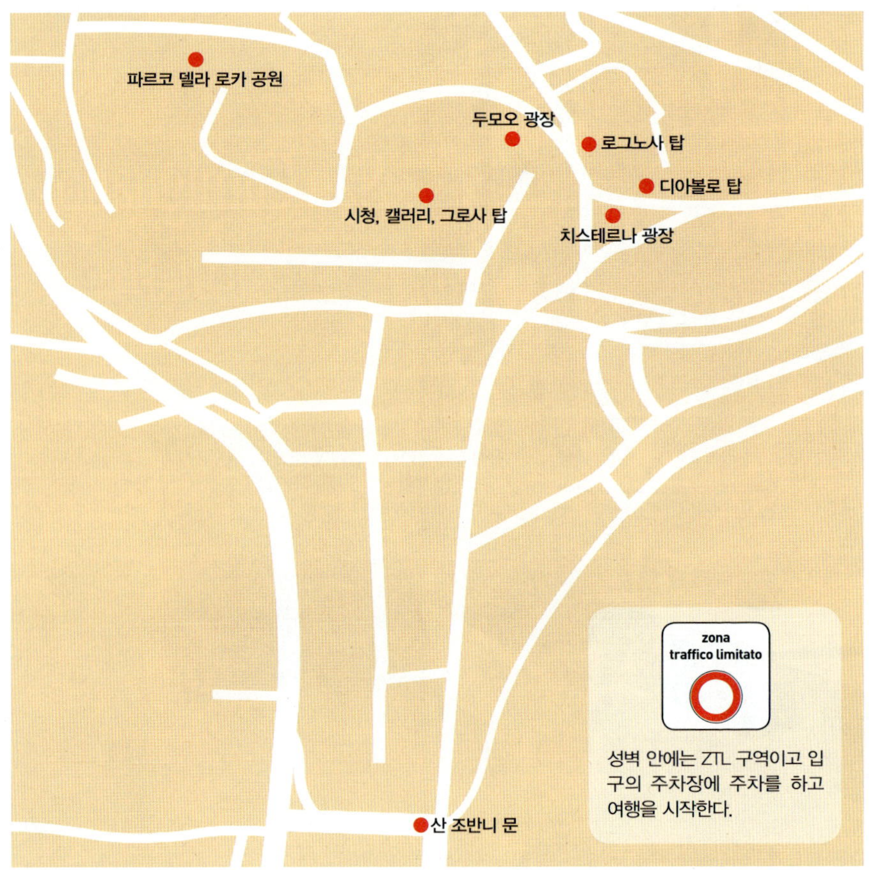

성벽 안에는 ZTL 구역이고 입구의 주차장에 주차를 하고 여행을 시작한다.

도시 전체가 유네스코 세계문화유산으로 지정된 역사적인 도시를 그저 발길 가는대로 걸어보자. 14개의 탑들이 스카이라인을 만들어내는 산 지미냐노는 천천히 산책하면 세월의 흔적이 만들어낸 도시를 느끼기 좋다. 중세의 멋과 차분함을 만끽할 수 있는 산 지미냐노에서 호젓한 한 때를 보내면서 넓게 펼쳐진 포도밭과 올리브나무, 능선의 언덕 위로 솟은 붉은 지붕의 탑들이 한 폭의 풍경화를 선물 받을 수 있다.

시청 사탑 올라가기

산 지미냐노에서 가장 높은 시청사탑(그로사탑)에 올라가면 토스카나 전원과 마을 전경을 모두 내려다 볼 수 있다.
치스테르나 광장 분위기 즐기기 광장 한 가운데에 있는 중세 우물가에 앉아서 조용해보이지만 생각보다 유쾌한 마을의 분위기를 즐겨보는 것도 관광객이 누리는 즐거움이다.

돈도리 젤라또

젤라또 월드챔피언을 2번이나 수상한 산 지미냐노 최고의 맛집에서 견과류와 과일맛 젤라또를 꼭 먹어보자. 적은 돈으로도 행복하게 맛있는 느낌을 받을 것이다.

San Quirico d'Orcia

산 퀴리코 도르시아

산 퀴리코 도르시아^{San Quirico d'Orcia}는 궁전, 파스텔 색상의 집, 광장, 자갈로 덮인 골목길이 있는 언덕 위에 따로 떨어져 있는 중세 마을이다. 시에나에서 차로 약 1시간, 피렌체에서는 약 2시간 거리에 있다.

4월에 있는 오르시아 와인 축제^{Orcia Wine Festival} 때는 유명한 투스카니 와인을 맛볼 수 있고, 6월에 열리는 바르바로사 축제^{Feast of Barbarossa} 때는 가장 행렬을 하고 중세 전투를 재현하는 모습을 볼 수 있다.

한때 로마와 북유럽 사이의 비아 프란치제나^{Via Francigena}를 지날 때 순례자들이 머무르는 곳이었으나 지금은 토스카나의 느낌을 가장 잘 느낄 수 있는 마을이다. 발 도르시아의 푸르른 풍경 사이에 자리해 있는 산 퀴리코 도르시아^{San Quirico d'Orcia}는 건축물, 방어벽이 마을을 둘러싸고 있다. 시간을 내 상록수, 올리브 나무, 포도원이 있는 교외의 풍경을 감상하면 마음의 평화를 얻을 수 있을 것이다.

성벽으로 둘러싸인 마을의 중세 지구 안에 관광지가 있다. 포르타 카푸치니Porta Cappuccini, 포르타 누오바Porta Nuova 등 4개의 출입구 중 하나를 통해 들어가 도보로 걸으면서 거리를 구경해 보자. 비아 단테 알리기에리Via Dante Alighieri의 좁은 길은 역사 지구 가운데를 관통한다. 잠시 멈춰서서 부티크, 갤러리, 카페, 피자가게가 들어서 있는 알록달록한 집들을 눈에 담아보자.

비아 단테 알리기에리의 가운데에 자유의 광장Piazza della Liberta이 있다. 르네상스 시대의 조각가 안드레아 델라 롭비아의 마돈나 상이 있는 키에사 디 산 프란체스코Chiesa di San Francesco를 보면 기하학적인 오르티 레오니Horti Leoni 정원이 완벽하게 다듬어진 모습을 보면 감탄하지 않을 수 없다.

산 퀴리코 대학교회
시청
산 프란체스코 성당
오르티 레오니 정원
산타 마리아 아순타 교회

산 퀴리코 대학교회
Collegiata dei Santi Quirico e Giulitta

1,100년대 후반에 세워진 교회에는 바로크, 고딕, 로마네스크 양식이 혼합되어 있다. 교회 근처에는 17세기 청사인 치기 궁전Palazzo Chigi이 있다.

비아 단테 알리기에리의 반대쪽 끝에는 소박한 산타 마리아 아순타 교회Chiesa di Santa Maria Assunta가 있다. 비아 프란체제나를 순례하는 순례자를 위한 주택으로 사용되었던 오스페달레 델라 스칼라Ospedale della Scala가 근처에 있다.

산 퀴리코 도르시아
주위의 풍경

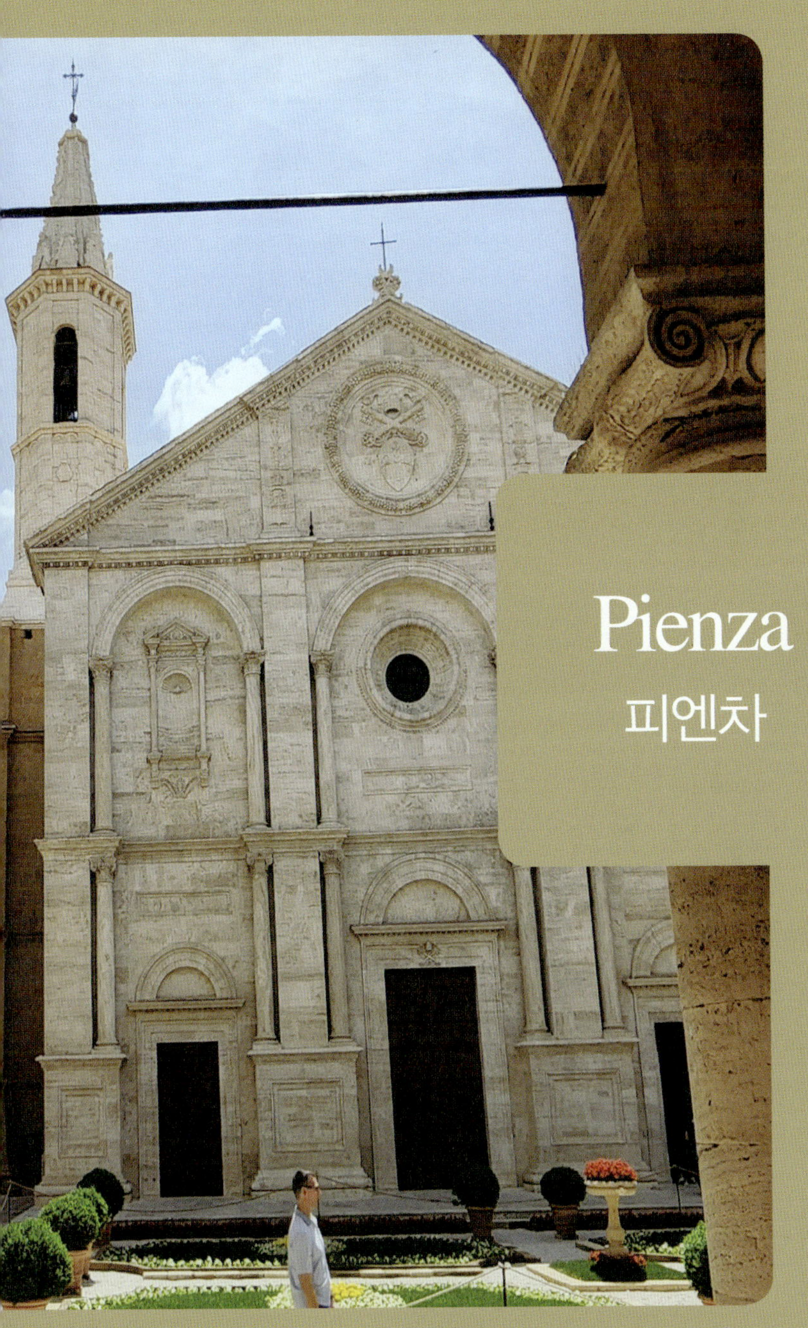

Pienza

피엔차

토스카나의 상쾌한 시골 지역 한가운데 놓인 르네상스 도시인 피엔차Pienza는 동화책에 나오는 언덕 마을로, 토스카나의 시에나Siena 지방에서 인기 있는 관광지이다. 원래 '코르시냐노Corsignano'라고 불렸던 피엔차는 에네아 실비우스 피콜로미니Enea Silvius Piccolomini의 비전에서 탄생한 이탈리아 최초의 계획 도시이다.

1458년 교황 비오 2세가 즉위한 이후 피콜로미니는 웅장한 성당, 궁전, 광장을 갖춘 르네상스 도시를 조성하기 시작했다. 현재 피엔자는 유네스코 세계 문화유산으로 등재되어 있으며 성벽으로 둘러싸인 구시가지는 중세의 분위기를 물씬 풍기고 있다.

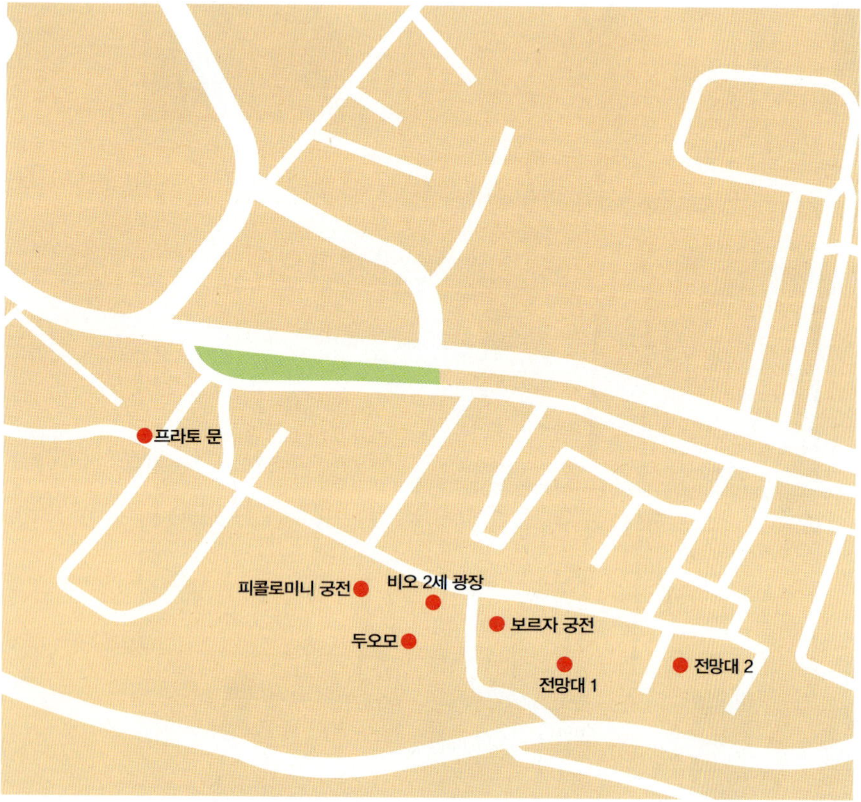

성벽 도시이므로 성벽 안에는 ZTL 구역이다. 입구의 주차장에 주차를 하고 걸어서 여행을 한다.

피엔차 파악하기

역사 지구의 중심 광장인 비오 2세 광장Piazza Pio II에서 대부분 여행을 시작한다. 경외심을 갖게 만드는 피엔차 성당은 시에나 화파Sienese School의 화가들이 모여 작업한 결과이다. 벽돌로 포장된 거리는 비오 2세 광장에서 뻗어 나와 덧창과 꽃이 만발한 발코니가 있는 집들로 특색을 이루고 있는 예쁜 광장까지 연결된다. 도시가 개조되기 이전에 세워진 중세 건축물인 산 프란체스코 교회Church of San Francesco도 볼 수 있다.

도시 성벽의 외부를 거닐다 보면 포르타 알 프라토Porta al Prato를 비롯한 인상적인 관문 앞까지 오게 된다. 산중턱에 자리한 로마네스크 양식의 교회인 피에베 디 코르시냐노Pieve di Corsignano에서 잠시 머무르며 발 도르시아의 올리브 나무와 포도원의 아름다운 풍경을 둘러보자.

피에라 델 카초(Fiera del Cacio)

현지에서 생산되는 페코리노 치즈를 기념하는 축제인 피에라 델 카초(Fiera del Cacio)는 9월 초에 시작한다. 이때 가 피엔차의 여행 적기이고 많은 관광객이 찾아온다. 치즈를 굴리는 팔리오 델 카초 푸소(Palio del Cacio Fuso) 경 기를 볼 수 있기도 하다. 축제 때 열리는 시장에서 페코리노 치즈를 맛볼 수 있다.

도시안 주차 금지
주차장은 성벽으로 둘러싸인 구역 밖에서 유료로 이용할 수 있으며 지정된 자전거 주차 공간도 있다.

비오 2세 광장
Piazza Pio II

교황 비오 2세는 피엔차를 재건하기를 원했다. 그가 처음으로 1459~1462년까지 광장을 둘러싼 건축물을 지으면서 광장은 활성화되고 멋진 건축물로 둘러싼 인상적인 광장이 탄생했다. 광장의 시계탑에는 15세기에 그려진 성모 마리아 작품이 전시되고 있다.

두오모
Duomo

교황 비오 2세의 명령에 따라 오래된 로마네스크 성당이 있던 자리에 1459년 성모 마리아를 위한 성당으로 베르나르도 로셀리노Bernardo Rosellino가 설계했다.

15세기에 활동한 조반니 디 파울로, 로렌체 디 피에트로 등의 화가가 남겨 놓은 그림이 전시되어 있어 당시에 교황이 피엔차에 쏟은 열정을 알 수 있다.

피콜로미니 궁전
Palazzo Piccolomini

비오 2세 교황과 그의 가족을 위한 여름 휴양지로 지어진 피콜로미니 궁전Palazzo Piccolomini은 15세기에 지어졌다. 현재는 박물관으로 사용되고 있다. 궁전의 잘 손질된 정원에서 발 도르시아Val d'Orcia 계곡의 탁 트인 전망을 볼 수 있다.

보르지아 궁전
Palazzo Borgia del Casale

광장 동쪽에는 보르지아 궁전Palazzo Borgia이 있으며 이곳의 교구 박물관Diocesan Museum에는 13~19세기까지의 예술품과 장신구를 전시하고 있다.

Montepulciano

몬테풀치아노

몬테풀치아노Montepulciano는 이탈리아 토스카나 주에 있는 작은 마을이다. 그러나 토스카나 지방에서 세계적으로 유명한 와인과 돼지고기, 치즈, 렌즈 콩, 꿀 등 다양한 식품을 생산하는 생산지이다. 이탈리아에서 최고의 품종에 속하는 포도로 만든 와인이 바로 '비노 노빌레 디 몬테풀치아노Vino Noville di Montepulciano'이다. 부드럽게 목넘김이 있지만 진한 향이 느껴진다.

전 세계적으로 인기 영화였던 '트와일라잇'의 속편인 '뉴 문New Moon' 촬영지로 알려지기 시작했다. 주인공 벨라가 에드워드를 찾기 위해 방문했던, 뱀파이어 수장의 도시 '볼테라'의 배경이 되는 곳이다.

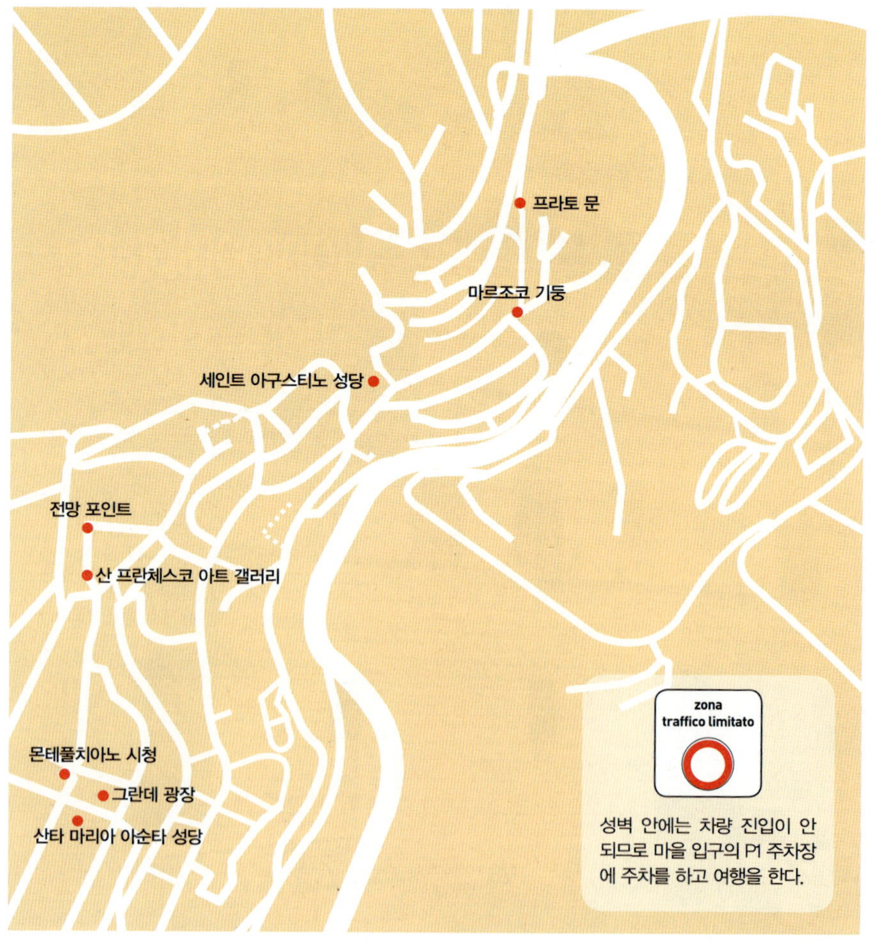

성벽 안에는 차량 진입이 안 되므로 마을 입구의 P 주차장에 주차를 하고 여행을 한다.

그란데 광장
Piazza Grande

몬테풀치아노에서 가장 유명한 광장으로 영화 '뉴 문'의 배경으로 나왔다. 중세 시대에서 시간이 멈춘 듯, 작고 아름다운 광장이다. 광장은 공식적으로 '비토리오 에마누엘레 광장 Piazza Vittorio Emanuele'이라고 이름 지어졌지만 누구나 그란데 광장Piazza Grande이라고 부른다. 도시의 가장 중요한 광장으로 주위에서 건물들이 둘러싸고 있다.

금욕 집이 14 세기 말에 시작되어 피렌체 르네상스 건축가 미첼로 초Michelozzo가 1424년에 현재 양식으로 서쪽에 서 있다.

전투가 끝난 탑과 타워의 모양을 가진 팔라초 베키오 궁전은 피렌체에서 대칭방향으로 맞추었다. 궁전의 1층에는 로지아가 있고, 궁전과 인접한 곳에는 1520년에 세워진 분수대가 있으며 에트루리칸Etruscan 기둥 2개와 메디치Médici 외투를 갖춘 2마리의 라이온이 있다.

🏠 Piazza Grande, Montepulciano

두오모 대성당
Duomo

이폴리토 스칼차Ippolito Scalza가 디자인 한 현재의 두오모Duomo는 1592~1630년 사이에 이전의 교구 교회에 세워졌다. 더 장식적인 조각이 있는 외관의 거친 석조물은 미완성 상태로 남겨졌다. 출입구 왼쪽의 안쪽에는 초기 르네상스 인물이 있다. 사노 디 피에트로 기둥의 마돈나 작은 새를 들고 있는 통통한 빨간 머리 예수와 함께 마리아에 대한 작지만 아름다운 그림이 있다.

⌂ Piazza Grande, Montepulciano

리씨 거리
Via Ricci

성문을 들어서면서 마을의 중앙 도로를 '리씨 거리Via Ricci'라고 부른다. 좁은 도보 거리를 따라 다양한 상점들과 레스토랑, 바Bar들이 늘어서 있다. 특히 비노 노빌레 디 몬테풀치아노 와인을 마셔보기 위해 시음과 판매를 하는 와이너리에서 상점도 같이 운영하고 있으니 꼭 방문해 보자. 시음하기 와인으로 유명한 토스카나의 마을답게, 와인이 아주 유명하여 와인에 관심이 없어도 시음의 기회를 가져보기를 바란다.

Spello

스펠로

이탈리아 움브리아 주 페루자도
에 위치한 작은 마을 스펠로Spello
는 꽃의 도시로 유명하다.
아시시에서 남동쪽 10㎞ 거리, 아
시시에서 기차를 타고 20분 거리
에 있는 스펠로는 과거에 '히스펠
룸Hispellum'이라고 불리기도 했다.

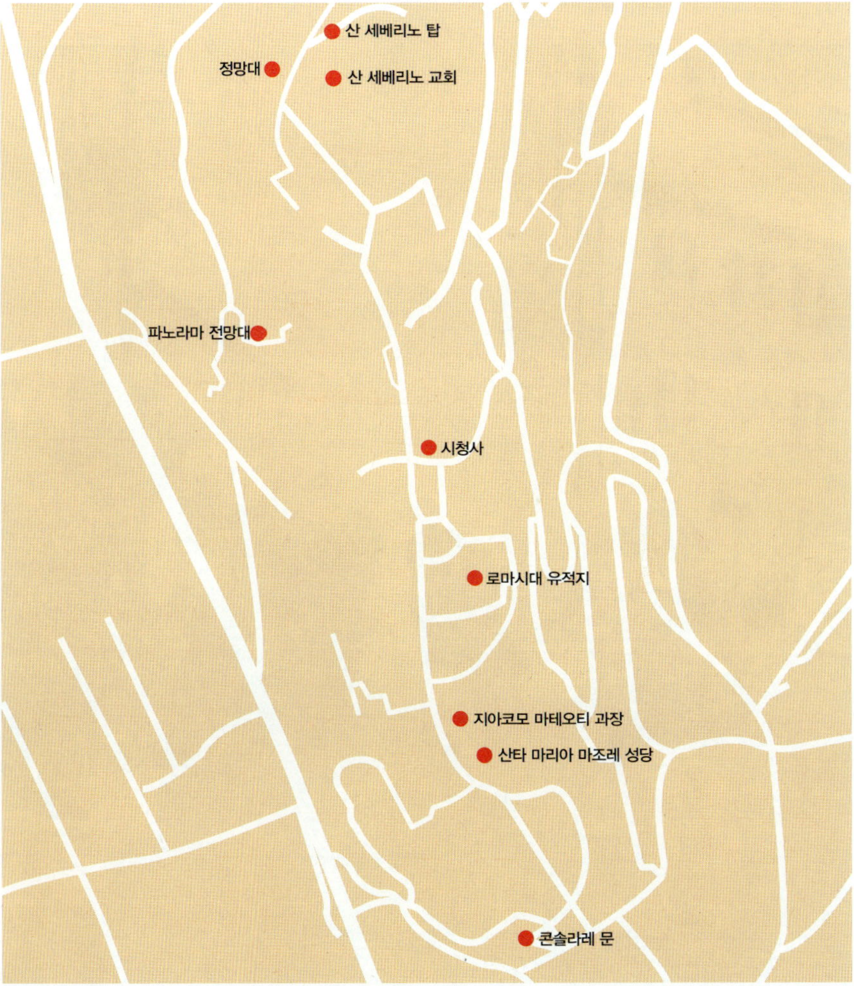

마을이 예쁜 이유

매년 6월 열리는 꽃 축제로 인해 꽃의 마을이라고 불리는 스펠로Spello는 테라스를 가장 예쁘게 꾸미는 집을 뽑아 증표를 주기 때문에, 주민들은 항상 집을 꽃으로 가꾸고 있다. 축제 기간에는 꽃으로 만든 카펫이 길에 깔리고, 마을이 꽃으로 가득 차게 된다. 꽃과 아기자기한 마을을 좋아하는 여행자는 작은 마을에서 오래 머무는 상황에 직면할 수 있다.

인피오라타(Infiorata) 꽃 축제

스펠로를 방문하기에 가장 좋은 시기는 꽃들이 활짝 피우는 봄이다. 특히 5월말~6월초에 성체 축일Corpus Christi에 열리는 꽃 축제가 스펠로의 가장 큰 축제이다.

스펠로의 거리는 다양한 색체의 꽃과 향기로운 허브로부터 따낸 꽃잎들로 수놓은 아름다운 태피스트리Tapertry와 모자이크 작품들로 뒤덮인다. 축일날 꽃길 위로 꽃처럼 희생의 삶을 살다간 예수의 몸인 '성채'행렬이 지나간다. 꽃길을 걸으면서 사람들은 꽃처럼 아름답게 살자고 다짐한다.

콘솔라레 문
Porta Consolare

1세기에 로마의 식민지가 되면서 스펠로는 도시의 기초가 형성되었다. 성을 만들고 그 안과 밖이 연결되는 문이 콘솔라레 문Porta Consolare이다.
스펠로 성의 남문인 콘솔라레 문은 여행의 시작점이다. 오른쪽에 시간을 알려주는 종탑이 있고 중앙에 3개의 아치가 배치되어 있다.

⌂ Piazza Kennedy, 06038

시청사
Palazzo Comunale

골목을 따라 위로 올라가면 공화국 광장이 나오고 광장을 둘러싼 건물에서 가장 큰 건물이 시청사 건물이다. 1270년에 처음 지어져 16세기에 증축이 이루어지면서 광장 앞에 분수도 설치되었다.

🏠 Piazza Kennedy, 06038

아름다운
스펠로

Southern Italy

이탈리아 남부

Pompeii | 폼페이
Napoli | 나폴리
Amalfi | 아말피

한낮의 태양이 강렬한 이탈리아 남부는 조금 오래 머문다면 여행에 자신이 있는 사람도 쉽지 않다. 역사, 문화적 전통이 풍부한 서부는 북부보다 경제적으로 빈곤하고 관료주의로 북부와 경제적 격차가 크다.

남부 지방의 매력은 단순하고 자연적인 풍광이다. 활기가 있고 흥분을 잘하는 남부지방 사람들은 때로는 매력으로 다가올 때도 있다. 신화와 전설이 공존하는 캄파니아, 아풀리아, 바실리카는 의외의 매력이 존재한다. 칼라브라마는 아름다운 해변으로 유럽인들이 자주 찾는다.

남부 지방 운전하기

우리가 여행하는 이탈리아 남부는 나폴리에서 시작해 폼페이를 거쳐 시작된다. 대부분은 소렌토부터 시작되는 해안 절벽과 아름다운 해변의 경치이다.

절벽을 따라 나 있는 도로는 굴곡이 많고 도로가 좁아 쉽지 않다. 특히 아말피 해안으로 들어가는 포지타노의 SS163번 도로가 특히 좁다. 게다가 투어를 나온 버스와 스쿠터가 같이 운전을 하기 때문에 조심해야 한다. 버스는 추월하려다가 문제가 발생하고 가끔씩 나타나는 스쿠터는 아찔할 수 있다. 또한 아름다운 절벽의 풍경을 보다가 전방주시를 소홀히 하면서 사고가 나는 경우도 있다.

운전은 속도를 줄이고 전방을 주시하면 된다. 날씨가 뜨겁고 나른한 오후에 구불구불한 해안 도로는 특히 정신을 차리고 운전해야 한다. 졸리다면 반드시 쉬었다가 운전을 하자. 풍경을 보고 싶다면 풍경을 보도록 만든 장소를 보고 차량의 통행이 줄었을 때 잠시 주차를 하고 바라보아야 한다.

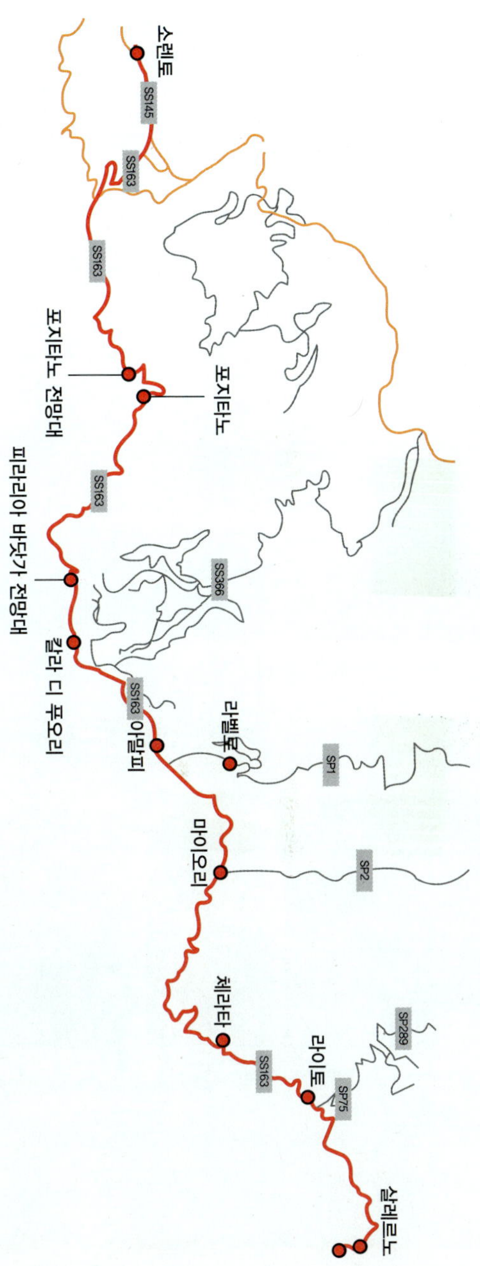

Pompeii

폼페이

폼페이

POMPEii

폼페이는 지금은 내륙이 되었으나 고대에는 베수비오 화산의 남동쪽에 위치한 항구도시였다. 제정 로마시대에는 귀족들의 휴양지로 공중목욕탕, 원형극장, 술집, 윤락가 등을 갖춘 쾌락의 도시였다. 한때 인구 2만 명에 달할 정도로 본영을 누리던 폼페이는 베수비오 화산의 폭발에 의해 한순간에 잿더미로 변했다.

폼페이 유적이
중요한 이유

기원후 79년 베수비오 화산 폭발로 재와 진흙 속에 파묻힌 폼페이는 당시 로마인들의 실생활을 엿보게 한다. 오랫동안 전설 속에 묻혀 있던 폼페이 유적은 1748년 우연히 발견되면서 세상에 다시 나오게 되었다. 현재 도시의 절반 정도가 발굴이 된 상태로 당시의 생활과 문화를 알 수 있는 다양한 유물과 유적이 발굴되고 있다.

폼페이는 부유한 로마인들의 휴양지였으며, 신전, 포럼, 로마 원형극장 상점과 호화주택들이 거리에 늘어서 있다. 이곳의 많은 모자이크와 프레스코화들은 나폴리 국립 고고학 박물관으로 옮겨졌다. 예외적으로 남아 있는 곳이 빌라 데 미니스테리Villa dei Misteri이다.

폼페이는 그리스와 로마의 지배를 받다가 화산 폭발로 붕괴되어 진흙과 용암 속에 묻혀 버렸다. 헤르 클라네움에서 거주하던 사람들은 대비할 여유가 있었지만 폼페이 주민들은 피난을 하지 못했다. 그러므로 유적이 더 소규모이고 개인주택 등은 잘 보존되어 있다. 로마 주택을 장식하던 프레스코화, 모자이크화, 가구 등이 당시 생활을 엿보게 한다.

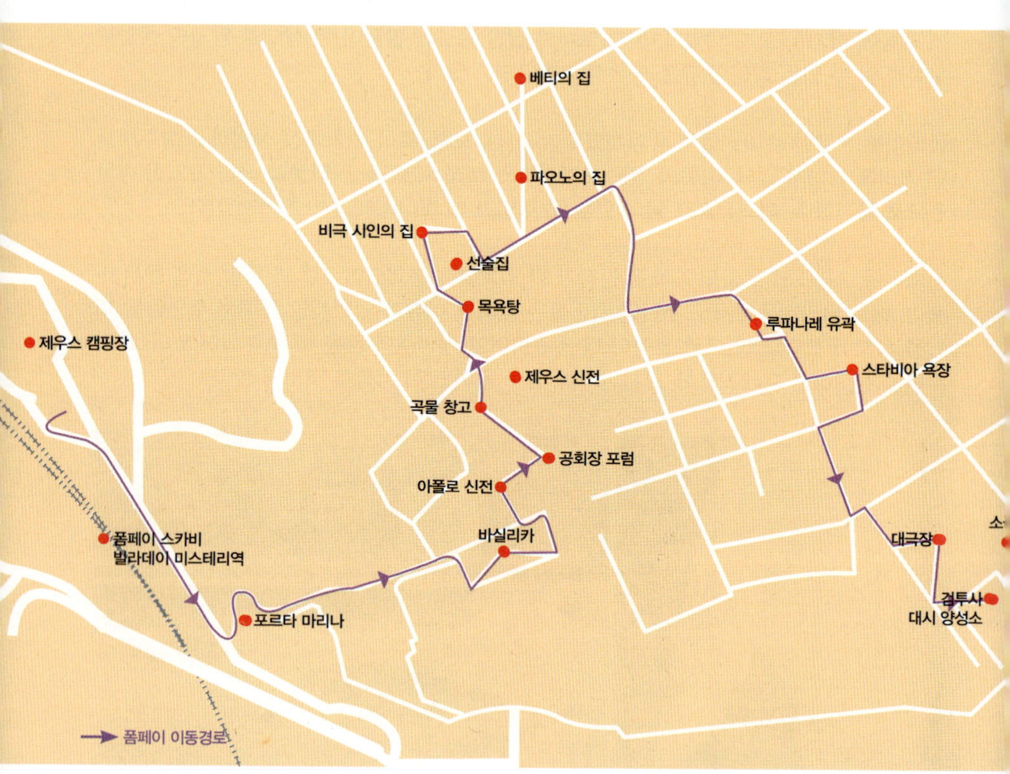

베티의 집
파오노의 집
비극 시인의 집
선술집
목욕탕
제우스 캠핑장
루파나레 유곽
스타비아 욕장
제우스 신전
곡물 창고
공회장 포럼
아폴로 신전
대극장
소
바실리카
폼페이 스카비
빌라데이 미스테리역
검투사
대시 양성소
포르타 마리나
폼페이 이동경로

폼페이 이유

폼페이는 베수비오 화산의 폭발이 있기 전인 기원후 63년에 강력한 지진이 발생해서 도시의 절반이 파괴되었다. 당시 로마 제국의 황제였던 네로는 도시를 복구하고 더 화려한 향락의 도시를 건설하였다.

쾌락과 향락을 추구하는 인간에 대한 경고였는지, 지진이 발생한지 16년이 지난 기원후 79년 베수비오 화산이 폭발하여 도시는 초토화되고 순식간에 역사 속에서 사라져 버렸다. 당시 이 폭발이 얼마나 거대했는지 이집트에서도 관측되었다는 기록도 남아 있다.

그 후 1,700년여 년이 지난 1748년 우연히 발견된 후 지금은 도시의 80% 정도가 발굴되어 관광객에게 공개되고 있다. 폼페이 유적은 마치 타임머신을 타고 고대로 돌아간 것처럼 당시의 시대상을 사실적으로 보여준다. 성벽 안에 남겨진 주거지와 실내벽화를 통해서 당시의 일상생활과 회화 양식의 변천을 알 수 있다.

종점적으로 봐야 할 장면들

성벽으로 둘러싸인 시가지는 광장을 중심으로 구시가 지역과 신시가 지역으로 나뉘어 있으며, 대부분 바둑판 모양을 잘 정비되어 있다. 하수도와 목욕탕, 극장, 공중화장실, 체육관, 공회당 등을 갖추고 있고 도로 역시 완전히 포장이 되어 있어서 번영했던 도시의 모습을 잘 엿볼 수 있다. 발굴 당시의 건물 유적은 물론 여인들의 화장도구, 꽃병, 그릇 등의 생활도구와 고통스런 모습으로 죽어가는 사람들의 형상이 그대로 남아있다.

도시였던 폼페이는 항구로 이어지는 바다의 문
(a Marina)이 있었다. 2개의 문이 있었는데, 왼쪽의
문은 보행자용이고 오른쪽 큰 문은 마차용으로 구분
전과 빠른 통행을 가능하게 만들었다. 마차 도로에
리를 박아 밤에 유리에 반사되는 빛으로 도로를 확
수 있도록 했다.

옛 로마시대에 종교적으로 중요한 건물로 아폴로와 그의
쌍둥이 동생인 디아나(아르테미스)를 모시던 신전이었다.
기원전 575년으로 추정되는 테라코타 유물과 장식이 남
아 있고, 14개의 제단과 18개의 기둥이 건물을 받치고 신
전의 정면에 아폴로와 궁수 디아나가 보인다.

폼페이 핵심 도보 여행

매표소에서 티켓을 구입하여 유적지로 들어서면 가장 먼저 보이는 곳은 폼페이의 서쪽 관문이었던 마리나 성문Porta Marina이다. 이 성문을 통과하면 본격적으로 폼페이 유적이 펼쳐진다.

폼페이는 워낙 넓은 지역에 형성되어 있기 때문에 샅샅이 돌아보려면 반나절 가지고도 부족할 것이다. 특별히 고고학적으로 관심이 있지 않다면 중요한 곳만 선별해서 자세히 살펴보고 나머지는 그냥 훑어보는 방식으로 돌아보는 것이 좋다.

폼페이에서 빼놓지 않고 꼭 봐야 할 곳들로는 신비의 빌라Villa dei Misteri와 베티의 집Casa dei Vetti, 비극시인의 집Casa dei Porta Tragico, 목신의 집Casa dei Fauno, 폼페이 최대의 번화가였던 비아 델 아본단차Via dell Abbondanza거리 등이다.

비아 델 아본단차(Via dell Abbondanza)거리 인도와 차도로 구분되어 있고, 밤에 이용할 수 있도록 달빛에 반사되는 돌을 작게 박았다.

성문을 통화해 조금 올라가면 왼쪽으로 아폴로 신전Tempo di Apoilo이 보인다. 이 신전의 중심 부는 기원전 6세기에 세워진 후 네로 황제 시대에 새롭게 단장되었다. 신전의 평면은 장방 형이고 그 주위에 48개의 원기둥이 세워져 있었다. 신전의 제단에는 '활을 쏘는 아폴로'와 '다이아나'의 두 조각이 있었는데, 지금은 나폴리 국립박물관으로 옮겨졌다.

아폴로 신전에서 조금 더 가면 보이는 포럼Foro에서 왼쪽으로 돌아 걸어가면 유적지 바깥으로 신비의 빌라가 동떨어져 있다. 신빈의 빌라는 폼페이에서 가장 화려한 프레스코화로 유명한 곳을 이 곳이 발견되었을 때 유럽의 고고학계가 흥분의 도가니에 빠져들었다고 한다.

기원전 2세기에 세워진 이 빌라는 로마시대에 새롭게 장식된 후 62년의 대지진을 파괴되었으나 현재 부분적으로 복원되어 로마제국의 화려함을 보여주고 있다.

신비의 빌라를 돋보이게 하는 것은 폼페이 적색이라는 특유의 붉은 색을 사용한 연작인 벽화 '신비의 이야기이다. 보는 이를 놀라게 할 정도로 완벽하게 보존되어 있는 이 벽화는 폼페이 미술을 이해하는 데 매우 중요한 요소이기도 하다.
작가가 밝혀지지 않은 이 벽화의 내용은 디오니소스 신 숭배의식을 그린 것으로 추정되고 있다. 베티의 집은 폼페이에서 가장 아름답고 매력적인 집으로 꼽히는 곳이다. 이 집은 보존 상태가 굉장히 양호하기 때문에 2,000년 전의 폼페이 부유층의 생활상을 그대로 엿볼 수 있다.

이 집의 내부 주랑정원에도 다양한 모습의 큐피트를 그린 매력적인 벽화가 그대로 복원되어 있다. 그 외의 다른 방에도 뛰어난 벽화 장식과 무늬가 남아 있다. 결론적으로 베티의 집은 벽화와 조각, 건축, 조경 등 다방면에 걸쳐서 당시의 수준을 가늠할 수 있는 곳이다.

연극작가를 묘사한 모자이크에서 유래한 비극 시인의 집은 폼페이 최고의 모자이크인 '개조심'을 볼 수 있는 곳이다. 집의 입구 바닥에 보면 사나워 보이는 개의 모자이크 벽화가 있는데, 라틴어로 '개조심Cave Canem'이라고 쓰여 있다. 벽화가 크지는 않다. 목신의 집은 그리스 헬레니즘의 요소가 가미된 저택으로 전체적으로 조화와 균형이 잘 잡힌 집이다.

이곳은 유명한 모자이크 그림 '전투 중의 알렉산드로스 대왕'과 청동 조각 '춤추는 목신이 발견된 집이다. 전투 중의 알렉산드로스 대왕'은 역동적인 말들의 모습과 숨 막히는 전투 장면을 사실적으로 표현한 걸작으로 꼽힌다. 비아 델 아본단차 거리는 폼페이에서 비교적 나중에 형성된 거리였으나 점차 폼페이 최고의 중심지로 자리 잡았다. 폼페이가 경제적으로 발전하면서 신흥 부호들이 자리 잡기 시작한 거리로 대규모 저택과 상가들이 많이 있던 신흥 중심 거리이다.

Napoli

나폴리

세계 3대 미항으로 알려진 나폴리는 맑은 하늘과 곳곳에 산재한 유적들은 여행자를 매료시킨다. 하지만 복잡하고 지저분한 거리를 보면 실망할지 모른다. 소매치기와 각종 경범죄의 증가로 악명을 떨치기도 하지만 나폴리는 로마에서 약 2시간 정도 소요되는 이탈리아 남부 교통의 중심지로 폼페이, 소렌토 카프리로 가는 관문이기 때문에 반드시 들르는 도시이다.

한눈에

나폴리 파악하기

나폴리를 찾는 여행자들은 대부분 카프리 섬이나 폼페이를 연계하여 가려고 하기 때문에 당일치기 여행으로 들렀다 이동한다. 가리발디 광장에서 나폴리 여행을 시작하는 데 이 광장을 중심으로 무니치피오 광장, 카스텔 누오보, 왕궁, 플레비시토 광장을 이어 관광한다. 푸니쿨라를 타고 산 엘모 성에 올라 나폴리 전망을 살펴보면 대략 여행의 끝난다.

스파카 나폴리 (Spacca Napoli)

나폴리에서 가장 오래된 주거지역으로 박물관 아래부터 동쪽으로 이어진 포르셀라 거리(Via Forcella)까지 뻗은 직선도로이다. '나폴리를 나눈다.'라는 뜻의 스파카 나폴리(Spacca Napoli)는 시가지를 나누는 것을 확실히 구분할 수 있는 것에서 시작되었다고 할 수 있다.

국립 고고학 박물관
Museo Archeologico Nazionale

규모가 꽤 큰 박물관으로 나폴리에서 가장 볼만한 곳일 것이다. 폼페이, 에르콜라노 등에서 발굴된 다양한 유물들이 전시되어 있다.
그리스 로마 시대의 유물에 관해서는 세계 최고의 컬렉션을 자랑하는 곳으로 프레스코, 도자기, 갑옷, 헬멧 등 다양한 유물을 소장하고 있다.

12 전시실에 있는 파르네세 헤라클레스, 로마의 카르칼라 욕장에서 발굴된 파르네세 황소, 폼페이에서 발굴한 모자이크화인 알렉산더와 다리우스, 세네카의 흉상 등이다.

⌂ Piazza Museo, 19, 80135　　🕐 9∼19시 30분(화요일 휴무)　€23€

카스텔 누오보
Castel Nuovo

나폴리의 상징 같은 건축물로 1282년 프랑스 양주 가문의 샤를이 왕궁으로 4개의 탑을 가진 프랑스 양식의 성으로 유럽에서 가장 남성미 넘치는 성으로 알려져 있다. 성 입구에는 르네상스 양식의 하얀 대리석으로 개선문이 있는데, 이것은 15세기 때 스페인 아라곤 왕국의 알폰소 왕이 양주 가문을 격파한 것을 기념하기 위해 세운 것이다.

개선문에는 알폰소 왕이 조각되어 있고, 맨 위에 미카엘 천사상이 세워져 있다. 나폴레옹이 이탈리아를 점령했을 당시에는 이 성을 자신의 집무실로 사용하기도 했다. 성내에는 14~15세기의 조각과 프레스코화를 전시한 미술관이 있다.

🏠 Via Vittorio Emanuele, 80132　ⓒ 9~18시(화요일 휴관)　€ 9€

카스텔 델로보
Castel dell'Ovo

산타루치아의 아름다운 해안선을 따라 바다에 돌출한 곳에 세워진 견고한 성채이다. 이곳은 한때 조개 시장이 있던 곳으로 성은 노르만인이 지배하던 1154년에 착공되어 왕궁으로 상요되었다. 시인이자 마법사였던 비르질리오가 깨지면 재앙이 온다는 계란을 성 지하에 묻어두었다고 해서 '계란 성Castel dell'Ovo'이라고 불렀다.

내부에는 로마 시대의 별장 원주와 감옥이 보존되어 있고 고대 유물을 전시해 놓은 토속 박물관이 있으나 일반적으로는 개방하지 않는다. 성이 있는 언덕에서 보는 일몰이 아름답다.

🏠 Via Eldorado, 3, 80132　🕐 9~18시(공휴일 휴무 / 주말 13시까지)

산 마르티노 박물관
Museo Nazionale di San Martino

나폴리의 역사를 이해하는데 도움이 되는 박물관으로 시내를 한눈에 내려다볼 수 있는 보메르 언덕 위에 있다. 14세기에 세워진 수도원을 개축하여 1866년에 개관하였다. 나폴리와 관련된 많은 예술품들과 문서, 생활 자료, 회화 등이 전시되어 있다. 박물관 앞의 산 마르티노 광장에서는 세계 3대 미항이라는 나폴리의 아름다운 풍경이 펼쳐진다.

나폴리 왕궁
Palazzo Reale

나폴리가 스페인 통치 하에 있던 1602년에 만들어졌으나 왕궁으로 쓰이기 시작한 것은 1734년 부르봉 왕조 때부터이다.

15세기에 보수를 하면서 왕궁 정면에 역대 나폴리 왕들의 석상이 세워졌다. 왕궁 내부에는 대대로 내려오는 왕실의 가구와 미술품 등이 전시되어 있는 박물관이 있다.

⌂ Piazza del Plebiscito, 1, 80132 Napoli NA　🕘 9~18시 / 수요일 휴무일　📞 +39-081-400547

🏠 Via San Carlo, 98, 80132   🕐 9~18시   € 12€ (투어)

산 카를로 극장
Teatro di San Carlo

왕국 옆에 있는 산 카를로 극장Teatro San Carlo은 로마 오페라 극장과 밀라노 스칼라 극장과
함께 이탈리아 3대 오페라 극장 중의 하나로 1737년 부르봉 왕조의 카를로 3세 때 만들어
진 것이다. 이탈리아 남부의 음악을 이끌어 가는 곳으로 뛰어난 음향 효과로 유명하다.

카프리(Capri)

코발트빛의 하늘과 에메랄드 빛 바다, 아름다운 꽃과 야생 식물이 인상적인 카프리 섬은 아름답다는 말로는 설명하기 힘들다. 따뜻한 기후와 천혜의 경관으로 고대 로마시대부터 황제와 귀족, 예술가 등의 사랑을 받아왔다. 15세기 해적을 피하기 위해 고지대에 형성된 마을이 현재 섬에 있는 카프리의 기원이 되었다.

나폴리 남쪽으로 약 32㎞ 떨어져 있는 카프리 섬은 길이가 동서로 7㎞, 남북으로 2.4㎞밖에 되지 않는 작은 섬이다. 이탈리아 남해안에 위치한 매력이 넘치는 카프리 섬은 아름다운 풍경, 고대의 유물, 바위가 많은 경관으로 관광객들의 마음을 사로잡는다. 그림 같은 카프리 섬은 역사, 자연, 문화와 신화가 어우러진 곳으로 유명한 지중해에 있는 이 작은 섬은 2,000년이 넘는 세월 동안 부호들과 권세가들이 즐겨 찾는 휴양지였다.

짙푸른 지중해에 떠 있는 그림 같은 섬, 카프리는 푸른빛에 대비되는 언덕에 오밀조밀 있는 하얀 지붕들이 인상적이다. 카프리 섬은 그 유명세 때문에 관광지화 되어 고즈넉한 멋은 사라졌지만 신비스러운 빛을 발하는 푸른 동굴Grotta Azzura을 보기 위해 많은 관광객들이 이곳을 찾는다. 만조 때에는 동굴 입구가 막히고 간조 때에는 열리는 푸른 동굴은 열려진 사이로 햇빛이 들어와 맑은 지중해 바닷물에 반사되어 동굴 안은 푸른빛이 가득하다.

푸른 동굴로 가는 것도 좋지만 너무 유명세에 연연할 필요는 없다. 이곳에서 잠시 시간의 흐름을 잊은 채 느긋하게 관장 야외 테라스에서 커피를 마시거나 지중해를 바라보며 산책을 하면서 섬의 한가로움을 즐겨 보는 게 더 좋을 것이다.

고대 로마의 황제들이 별장을 지었고, 19세기에는 작가와 예술가, 귀족들이 유럽 일주를 하면 반드시 들렀던 장소였다. 1950년대부터는 영화배우들이 요트를 즐기는 곳으로 인기를 끌었다. 오늘날까지도 인기가 높은 카프리 섬은 '이탈리안 시크'의 전형을 보여준다. 아름다운 경치와 한적한 작은 만, 고대 로마의 흔적과 짙푸른 바닷물, 세련된 부티크를 경험할 수 있는 최적의 장소이다.

Amalfi

아말피

바위투성이 절벽 위로 마을과 포도밭이 늘어서 있는 나폴리 남쪽의 아름다운 해안을 따라 트레킹, 드라이브, 뱃놀이를 즐길 수 있다. 이탈리아 남부의 아말피Amalfi 코스트를 따라 굽이치는 45㎞ 길이의 도로를 이동하면서 포도밭과 고대 유적을 볼 수 있다. 도중에 프래아노, 미노리, 라벨로 등의 마을에 들러 바다보다 높은 전망 좋은 곳에 위치한 교회와 집에서 바다를 바라보자.

아름다운 경치와 한적한 해변을 가진 아말피 해안은 유명 인사들이 사랑하는 관광지이며 호텔, 레스토랑, 바는 부유층이 주요 고객이다. 그렇다고 너무 낙담하지는 말자. 예산이 넉넉하지 않다면 저렴한 숙소와 식당도 얼마든지 많다.

백사장에서는 어디든 수건을 깔고 편하게 누워 즐길 수 있다. 해안을 따라 나 있는 작은 해변에 사람이 너무 많이 몰리면 아말피에서 보트를 빌려 바다로 나가면 된다. 바다에서 보는 아름다운 해안 풍경은 굉장히 많다.

운동화를 신고 마을을 이어주는 꼬불꼬불 이어지는 트레킹 트레일을 따라가 봐도 좋다. 포지타노와 프래아노 사이에 있는 신의 길은 너무 유명하다. 해안을 따라 이어지는 10m의 산책로는 쉽게 걸으면서 이탈리아에서 가장 아름다운 경치를 구경할 수 있는 방법이다. 관광객이라면 절대 놓치지 말아야 할 필수 코스이다.

알말피 파악하기

중세 이탈리아에서 막강한 해상공화국 중 아나였던 아말피는 관광 도시가 되었지만 조용한 분위기와 아름다운 해안으로 항상 인기를 끄는 도시이다. 인상적인 두오모, 카프리의 불루 그로토와 비교되는 분위기도 눈여겨 볼만하다.

환상적인 경치를 자랑하는 절벽 꼭대기의 정원은 천천히 느긋하게 둘러볼 수 있다. 빌라 침브로네와 빌라 루폴로에 가서 화단의 아름다운 경치를 감상하자. 해안을 따라 형성된 마을에서는 옛날에 지어진 교회들이 있는데, 12세기에 지어진 건물도 상당하다. 포지타노의 산타 마리아 아순타 교회에 있는 검은 마논나와 프래아노의 산 루카 교회에 있는 성 누가의 은빛 흉상은 아말피Amalfi 관광의 핵심이다.

아말피 뒤 언덕에 버스로 갈 수 있는 라벨로는 한때 교황의 집이었고 후에는 독일 작곡가 바그너의 집이었던 11세기 빌라 루폴로도 볼만하다.

Tip 여행하기 좋은 계절
아말피 코스트는 관광객이 몰리는 6~8월 사이에 좁은 도
로가 자주 막힌다. 5월과 9월에는 교통 정체가 덜하고 날
씨가 시원하기 때문에 환상적인 해안을 돌아보기에 가
장 좋은 계절이다. 여름에 덥고 겨울에 따뜻한 지중해 기
후로 마을 사이를 이동할 때에는 저렴한 SITA(Società
Italiana Trasporti Automobilistici) 버스를 이용한다.

조대현

현재 스페인에 거주하면서 63개국, 198개 도시 이상을 여행하면서 강의와 여행 컨설팅, 잡지 등의 칼럼을 쓰고 있다. MBC TV특강 2회 출연(새로운 나를 찾아가는 여행, 자녀와 함께 하는 여행)과 꽃보다 청춘 아이슬란드에 아이슬란드 링로드가 나오면서 인기를 얻었고, 다양한 강의로 인기를 높이고 있으며 "해시태그" 여행시리즈를 집필하고 있다.

저서로 아이슬란드, 모로코, 가고시마, 발트 3국, 블라디보스토크, 조지아, 폴란드 등이 출간되었고 이탈리아, 오스트리아, 프랑스, 스페인 북부 등이 발간될 예정이다.

폴라 http://naver.me/xPEdlD2t

신영아

프랑수와 사강(francoise sagan)에 매혹되어 무작정 날아가 살던 프랑스 파리에서 평생의 동반자를 만났다. 본인의 전공을 따라 해외대기업 회계팀에서 일하다가 과감히 퇴사하고 진정한 자아를 통한 삶을 찾기 위해 이탈리아 로마로 향했다. 이제는 로마를 제2의 고향으로 삼고 살고 있다. 밀라노에서 생활하면서 여행 작가와 다양한 창작 활동으로 자신의 삶에 좋아하는 코랄빛을 더해가고 있다.

이탈리아 자동차 여행

인쇄 ㅣ 2024년 6월 26일
발행 ㅣ 2024년 7월 24일

글 ㅣ 조대현
사진 ㅣ 조대현
펴낸곳 ㅣ 해시태그출판사
편집 · 교정 ㅣ 박수미
디자인 ㅣ 서희정

주소 ㅣ 서울시 강서구 허준로 175
이메일 ㅣ mlove9@naver.com

979-11-93839-46-1(03920)

※ 일러두기 : 본 도서의 지명은 현지인의 발음에 의거하여 표기하였습니다.